くらべてわかる

文鳥の心、インコの気持ち

暮らしと
体の構造からひもとく、
小鳥たちの心のうち

細川博昭 著
ものゆう イラスト

誠文堂新光社

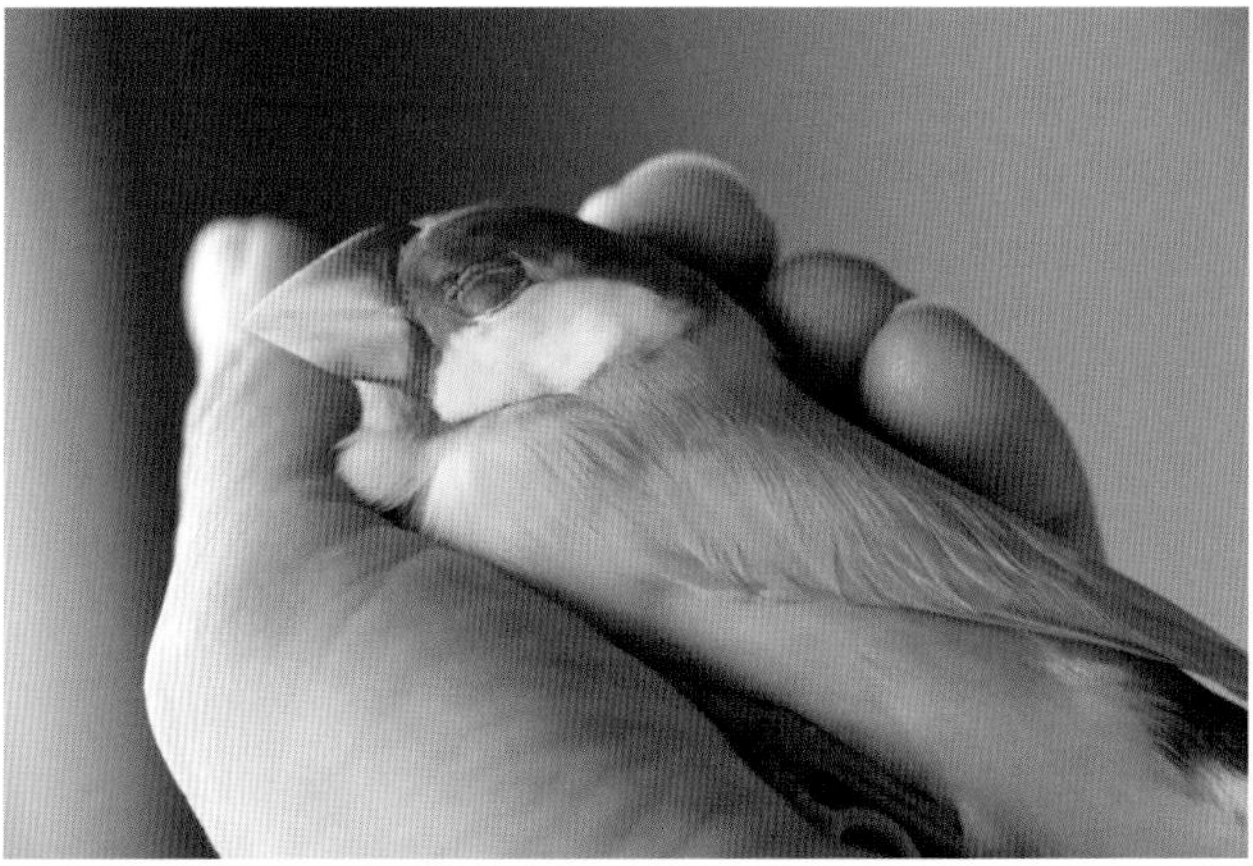

はじめに

『インコの心理がわかる本』の出版は、２０１１年の５月のことでした。その直後から「文鳥の心理」の本を書いてくださいというリクエストをたくさんいただきました。

すぐに実現できなかったのは、たくさんの書籍や論文が存在するインコとちがって、文鳥の心理に関する資料はとても少なかったことがひとつ。筆者と鳥との暮らしは文鳥から始まりましたが、それははるかな過去だったこと。また、飼育される文鳥の本については すでに書き手がいて、安易に領域を侵したくなかったということもありました。

偏在する資料をかき集めつつ、文鳥と接する機会を増やし、既存の書籍と重ならない構成をつくるのに数年。結果、このタイミングでの出版となりました。

鳥にあまり関心がなかったり、鳥を飼育された経験がないと、文鳥もインコも、みな「小鳥」に見えます。文鳥を飼育されている方にしても、インコはひとくくりにされることが多く、セキセイインコからホンセイインコにいたるインコや、小型のオウム個々の体や意識のちがいにはあまり目が向けられていません。

スズメ目とインコ目は鳥類の中では近い関係にあります。が、その進化には数千万年の隔たりもあるため、よくよく知れば、体も心も行動も大きくちがうことがわかります。

逆に、近い環境で暮らし、似た進化のみちすじを辿ってきた鳥は、完全な別種でも似た行動、性格になる傾向があります。それぞれの進化はよくわかっていませんが、特定の性格、たとえば「愛情深く、性格が強い」という点などに目を向けると、文鳥とコザクラインコなどのラブバード類には、スズメ目とインコ目の隔たりを感じさせない近さも見えます。そんなことも、鳥のおもしろいところでしょう。

人間という種を「人間」単独で見ても、なかなか理解は進みません。チンパンジーなどの近縁種や、近い行動が知られる異なる種（たとえば鳥など）と比較することでやっと、「人間とはなにか」ということがはっきりと浮かび上がってきます。鳥もそうです。

ともに小鳥と呼ばれる「文鳥」と「小・中型のインコ・オウム」の心理面でのちがいと共通点を見つけ、たがいの存在を「鏡」とすることで、それぞれの心理をより深く理解することができるようになります。本書は、それを目的に企画されました。

インコ目インコ科のセキセイインコ、ラブバードとも呼ばれるコザクラインコやボタンインコ、インコ目オウム科最小のオカメインコとの比較を通して、スズメ目カエデチョウ科の文鳥の心理に迫ってみたいと思います。

細川博昭

もくじ

CHAPTER 3
鳥たちの生活のこだわり…67

CHAPTER 4
鳥たちの人間に対する意識…95

CHAPTER 5

幸せに暮らすために知っておきたいこと…121

CHAPTER

1

文鳥、インコの進化、生態と日本人

暮らしてわかる人間との近さ

鳥の心をどう受けとめよう？

　動物に心はない、という考えがヨーロッパを中心にありました。一方で、動物を含む万物に魂が宿ると信じられてきた日本では、仏教の輪廻《りんね》転生《てんしょう》の思想も相まって、「動物にもおそらく心はある」という考えが、古くから漫然と人々の意識の中にありました。

　イヌやネコと暮らしている人も、鳥と暮らしている人も、家にいる伴侶動物たちがどんな性格をもち、どんなふうに自分に気持ちを向けてくるのか、熱く、雄弁に語ります。だれも、「動物に心はない」などとは考えていないことがわかります。

　自身の祖先に、自分と似た心があったことを疑う人はいません。江戸時代はもちろん、縄文時代に生きた人々も、石器時代に生きた人にも、心があったと考えるのが自然です。人類の近縁種であるネアンデールタール人にも、私たちに似た心があっただろうと考えられています。

　心がいつ生まれたのかはわかりませんが、心はそうとう古い時代から存在していて、進化の流れの中、変化しつつも、連綿と受け継がれてきたのだろうと推察されています。

　1億年前、2億年前に生きた生物の心を知ることはかないませんが、彼らにも「彼らなりの心」があったのではないかと考える研究者は少なくありません。

　脳科学では、脳を含めた神経系の内部に心が宿るとされます。同時に、すべての脊椎動物の脳はちがっているので、どの心もおなじではないとも考えられています。

　身近な例に戻すなら、あなたの心とほかのだれかの心はちがう、ということです。

　人間の心だけが唯一のものではなく、生物種ごとに心はある。心には「多様性」があると考えたいと、比較認知科学を専門とする京都大学の藤田和生先生も『動物たちのゆたかな心』（京都大学学術出版会）の中で語っています。そうしたことからも、鳥にも鳥としての心がしっかりあると信じていいと思います。

鳥だって表情豊か

嫉妬したり、うれしくて踊ってしまったり、心配そうな目を向けたり――。鳥と暮らしていると、

鳥にも心がある。そう信じることは、科学的に見てもおかしなことではありません。

人間に近いと感じられるところがたくさん見えてきます。

ある特定の環境に適応した生物は、近い姿になることが知られています。「進化の収斂《しゅうれん》」と呼ばれます。ペンギンの翼（フリッパー）とウミガメの前足が似ているのも、収斂の結果です。

また、異なる種でも、おなじような資質のある脳をもち、おなじような進化を辿り、おなじように暮らしていたなら、似たような行動、心の反応を見せることもわかってきました。

おなじような道を辿って進化し、条件が合った生物は、「近い心をもつ可能性がある」と考えられるのです。

文鳥やインコとの暮らしにおいて、彼らの心に人間と似ているところがあると感じられるのは、そうした過去（進化）にも由来しているようです。

人間と似ているところ

ともに豊かな感情がある。自分たちなりにいろいろ考えている。群れの生き物として振る舞っている。生きていくために、自分以外のだれかの存在を必要とする。そして、声や挙動で、さまざまなことを相手に伝えている。

文鳥やインコ（オウムを含む）が人間とよく似ていると感じるのはこんな点でしょうか。

そんな鳥たちだから、より親近感もわきます。この子のことを、もっと知りたい、愛したい、と思うのも自然な感情です。

文鳥と日本人

輸入された海外の鳥

江戸時代には、さまざまな鳥が日本に運ばれていました。鳥を飼いたい、珍しい鳥の絵を手許に置きたいと願った、大名などの上層階層の者が多かったためです。

その結果、鎖国中にもかかわらず、開港していた長崎を通して、世界各地から、大小さまざまな鳥が日本に持ち込まれました。文鳥やジュウシマツの原種が日本にやってきたのも、この流れです。

江戸時代の初期〜中期に海外産の鳥を飼っていたのは、鳥を輸入できる財力があった大名や旗本、江戸城の将軍などでした。

当時、長崎において、幕府から派遣された絵師が渡来した鳥の絵を描き残したほか、鳥を飼った大名や旗本、本草学者が自身で描いたり、絵師を雇って鳥を描かせたりしました。そのため今も、江戸時代に渡来した鳥たちを、絵によって知ることができます。

当時、人気だったのがインコやオウムでした。彼らは東南アジアやオセアニアのほか、アフリカや中南米などからも来ていて、ボウシインコやヨウムなどの絵も残っています。

ちなみに、現在人気のセキセイインコやオカメインコなどは、江戸時代にはまだ日本に来ていません。ボタンインコやコザクラインコの渡来も、のちの時代です。

オーストラリアの鳥がヨーロッパ人に知られたのは実はかなり遅

文鳥。増山正賢「百鳥図」より。（国立国会図書館収蔵）

く、それからさらに数十年が経ったのち日本に渡来したため、日本人がその姿を実際に目にしたのは、明治時代のことでした。

なお、当時の江戸庶民が鳥を飼っていなかったわけではなく、ヤマガラやスズメ、メジロ、ウグイスなどの身近な国産の鳥（和鳥）が飼育されていました。ウズラも人気で、江戸時代に何度か大きな飼育ブームが起きていました。

フィンチに始まる繁殖

外国産の珍しい鳥だからこそ、自分の手で増やしたい。飼育方法を確立してヒナを取りたい。上手く増やせたなら、高く売って儲けられるかもしれない。そんな思いを抱いた人もいたようです。

種子類が主食のカナリアや文鳥、ジュウシマツの原種であるコシジロキンパラの飼育は、試行錯誤もあったものの、最終的に上手くいきます。なお、ジュウシマツの原種となった2つの亜種は当時、ダンドク（檀特）とジュウシマツ（十姉妹）と呼ばれていました。

こうした鳥たちの繁殖法が確立し、国内の飼育数が増えた頃には販売価格も下がって、庶民でも手に入れられる鳥になりました。それが、明治から昭和にかけて起こった大きな鳥ブームの基盤となったことがわかっています。

稗《ひえ》、粟《あわ》、キビなど、米の代わりに食べられていた雑穀が彼らの食性と上手くマッチしたことも、飼育の広がりに貢献したようです。

カナリアは早くから人気となり、自宅で複数のカナリアのペアを飼い、生まれた鳥を友人知人に譲り渡していた滝沢馬琴（曲亭馬琴）や、カナリア飼育者のネットワークの存在、出版物として流通していた鳥の飼育書も、飼育と繁殖の背を押しました。

カナリア、ジュウシマツ、文鳥などについては、江戸の当時から品種改良も試みられています。白文鳥発祥の地として知られる弥富の始まりも江戸時代です。

文鳥。毛利梅園「梅園禽譜」より。
（国立国会図書館収蔵）

野生の暮らしからわかること

本書で注目する鳥

日本での飼育が多い小型のインコやオウムと比較することで、文鳥がどんな心理をもち、どんな振る舞いをするのかを際立たせ、その心をクローズアップするのが本書の目的です。

とはいえ、飼育されているインコ科、オウム科の種類は多く、それぞれ特徴ある性格をもつため、あれもこれもと例に出してくると、かえって文鳥の心理の本質が見えなくなってしまいます。

そのため本書では、よく飼育されている代表的なインコであるセキセイインコと、最小のオウムであるオカメインコ、それから補足的に、ラブバードの名でも知られるコザクラインコとボタンインコに絞って比較をしていきます。

生息環境と移動距離

まず、その種が生息する環境と、そこでどのように暮らしているのか（基本的な生態）を見ていきましょう。というのも、鳥たちの心には、もともとの生息環境やそこでの暮らしが反映されていて、それを知ることなしに家庭にやってきた鳥たちの心を深く知ることができないからです。

まずは主役の文鳥から。

ハワイの野生の文鳥。©裏庭はわい島

文鳥は、赤道にも近い、南緯7度ほどの熱帯、インドネシアの一部の島に生息する、種子を中心とする食性をもった鳥です。

もともとの生息地はジャワ島やバリ島で、地元では古来よりイネなどの農作物を食べる害鳥という扱いもされていました。

英名（Java sparrow）からジャワ雀、とも呼ばれます。
ハワイ島、フィジー、フィリピン、スリランカなど複数の国に移入している一方、本来の生息地では数を減らしているという報告もあります。

文鳥も群れをつくりますが、セキセイインコなどのような大きな群れにはならず、比較的狭いエリアで暮らし、長距離を移動したりしません。

彼らが暮らすのは、人間の生活圏にも近い草地や低木林など。雨季と乾季はあるものの、一年を通して緑が豊かで、遠くまで行かなくても食料を得やすく、索敵にも苦労しない比較的ひらけた場所であったことが、移動が少ない理由です。二毛作、三毛作が行われてきた田や畑も、彼らにとっては恰好の餌場でした。

インコたちの生息環境

セキセイインコとオカメインコはオーストラリアの鳥。両者とも大きな群れをつくり、食べ物と水場を求めて、大陸を長距離移動することもあります。

雨季はあるものの、オーストラリア大陸は日本よりも緯度の低い乾燥した土地です。砂漠のような荒れ地も多く、水場を見つけるのも容易ではありません。

大きな群れになるのは、集団のほうが水場や餌場を見つけやすくなること、また外敵を見つけただれかが警戒音を発することで、群れのメンバーが逃げられる確率が高まるためでもあります。群れのだれかが敵に襲われてくれること

水場に集まる野生のオカメインコ（撮影／岡本勇太）

飛翔する野生のセキセイインコ。（撮影／岡本勇太）

で、その間に自分は逃げられて命が助かる可能性が高くなるという打算も、もちろんあります。

　コザクラインコやボタンインコはアフリカの鳥。コザクラインコは高地寄りの乾燥した土地に暮らすといわれていますが、実際にはその土地の川沿いにある比較的密な森を生活圏にしています。砂礫地の中を飛び回って食べ物を探しているわけではありません。

文鳥の風切羽

　文鳥の翼の風切羽が短かめなのは、長距離移動をする必要がない環境で暮らしてきたためと考えられます。コザクラインコやボタンインコがコンパクトな風切羽をもつのも、同様の理由とされます。

　放鳥時、少し飛んだだけであとはまったりしている自宅の文鳥に対して、「うちの子は『飛ぶ』ことが足りていないのでは？」と、心配されている飼い主さんもいます。が、日常から羽ばたきが多いこと、野生でも長時間の飛行をしていないことなどから、あまり不安を感じる必要はないようです。

　一方、常に長距離を移動して暮らしているセキセイインコやオカメインコは長い風切羽と長い尾羽

コザクラインコ。

セキセイインコと文鳥の翼の比較。

をもっています。

長時間・長距離の飛行ができる体に進化したオカメインコやセキセイインコは、それに見合った筋肉をもちます。

筋肉維持、体調維持、肥満防止のために、家庭内の放鳥おいては少し息があがるくらいの飛行が必要です。オカメインコの場合は特に、それを意識して放鳥してください。

綿羽のこと

もう一点、ダウンフェザー（綿羽）のことも、つけ加えておきましょう。綿羽とは、体をおおう正《せい》羽《う》と呼ばれる羽毛の下、皮膚とのあいだに生えている羽軸のない、ふわふわの羽毛のこと。

カモ類などで特に発達していますが、朝夕や夏冬の寒暖差のある土地に暮らすインコにも、綿羽が見られます。断熱効果のある綿羽は、寒さだけでなく、暑さに対しても効果をもつようです。

一方、赤道に近い、30℃をやや下回る安定した平均気温のもとに暮らす文鳥には、あまり必要のないものであることから、綿羽はほとんど見られません。羽毛のない「無《む》羽《う》域《いき》」も多いようです。

リラックスした文鳥が、「もち」と好意をもって揶揄されるような姿を見せることがあります。

ふわっとした「もち」は、皮膚と正羽のあいだにしっかりとした空気の層をつくっていますが、綿羽をもたないことと「もち」姿とは、あまり関係がないようです。

進化から見る文鳥とインコ

恐竜（の子孫）と暮らす私たち

鳥の特徴である羽毛や翼に似た前足（前肢）を、多くの恐竜がもっていました。鳥のように、翼や羽毛を使って抱卵していた恐竜さえいました。

中生代の白亜紀（1億4500万年前〜6550万年前）には、すでに鳥が出現していて、鳥の方向に向かって進化する小型肉食恐竜がさらにたくさんいたこともわかっています。

鳥に似た姿の恐竜は、実は白亜紀の前のジュラ期（2億年前〜1億4500万年前）には出現していました。「始祖鳥」の名でも知られるアーケオプテリクスはジュラ期末期の恐竜です。

鳥を目指した進化は、羽毛をもっていた小型肉食恐竜の「トレンド」のようなものでもあったようです。そこには、「なにがなんでも鳥を生み出そう」という、だれかの見えない意思、思惑が働いていたようにも見えます。

しかし、そんな状況もむなしく、鳥に似た羽毛恐竜のほぼすべてが、鳥になることなく絶滅しました。それでも、今につながる祖先がいてくれたからこそ、こうして鳥たちは地上に繁栄しているわけです。それを、とてもうれしく思います。

初めは疑問の声も多かった「小型の肉食恐竜⇒現在の鳥へ進化」という学説は、今や疑いようのない事実となりました。

鳥と恐竜には明確な境界線がないことも明らかになっています。

オビラプトルは巣をつくり、全身の羽毛を使って卵を抱いていたことがわかっています。

カラフルな羽毛や、羽毛に覆われた翼を使って異性にアピールした恐竜が、当時すでにいたことも予想されています。もしかしたら文鳥のダンスのようなパフォーマンスをした恐竜もいたかもしれません。

私たちは今、豊かな心をもった小さな恐竜と暮らしています。

飛ぶことができなくても、翼状の前足は幹を走って樹の上に駆け上がるのに有利だったようです。

進化の流れ

恐竜が鳥類へと進化した場所は「樹の上」だったと考えられています。すでに得ていた翼は、まだ上手くは飛べないものの、走るようにして幹を駆け上がるのに有利でした。

羽ばたくように翼を動かすことで、より少ないエネルギーで樹上に上がることができたと考えられています。

鳥の祖先はそこで「滑空」や「飛翔」の力を向上させて「鳥」となりました。ただ、どのように進化し、どう分化して現在の分類になったのか、その過程はほとんどわかっていません。

わかっているのは、空を飛ぶ体であるために徹底的な軽量化をして、それがのちの鳥たちにも受け継がれたこと。重い歯を捨て、クチバシに。体内の大きな骨を中空に。多くが、盲腸など、不可欠ではない臓器も捨てました。メスは片側の卵巣だけを残しました。

スズメ目とインコ目

鳥は恐竜が絶滅したのち、空いた「ニッチ（生物学的隙間）」に浸透して、爆発的に種の数を増やします。今や脊椎動物の中でも大きなグループとなりました。

鳥類で最古の目は、キジ目とカ

モ目。彼らは恐竜絶滅前に誕生していたと考えられています。

スズメ目は約1万種いるとされる鳥類の中の最大派閥で、鳥類全体の6割（6200種ほど）を占めます。そのうちの5000種弱がさえずる鳥、鳴禽《めいきん》です。

鳴禽にはスズメ科のスズメほか、ムクドリ科のムクドリやキュウカンチョウ、カエデチョウ科の文鳥やジュウシマツ、カラス科のハシボソガラスやカケスなどが含まれます。カラスはさえずりませんが、よく発達した発声器官をもっています。

鳥類の中でもスズメ目、インコ目、ハヤブサ目の3目は関係が近く、進化の最終段階で地上に出現したたろうといわれています。

彼らの分岐についてもまだ十分には解明されていませんが、この3目の大型の鳥の中に、哺乳類の中の霊長類に匹敵するほど脳を発達させたものがいることは事実です。

そうした点に着目すると、鳥類の頂点に近いポジションにいるという指摘も、あながちまちがいではないと考えてよさそうです。

スズメや文鳥、インコやオウム、ハヤブサの仲間が、進化上近いことがわかっています。

近い姿がゆえの誤解

鳥が空を飛ぶためには、体のサイズ、体型、体重の幅、翼の大きさなど、いくつもの条件を満たさなくてはなりません。こうした条件を満たすため、鳥類の多くは小型です。

一般的に彼らは、「ことり／小鳥」と呼ばれます。

特徴的なクチバシをもつインコやオウム、猛禽類は別ですが、先の条件を満たすため、小型のスズメ目の鳥はよく似た姿をしています。そのため、見なれないとなかなか種の見分けがつきません。

しかし、一千万年以上も、異なる科、異なる種として生きてきた彼らの中味は、その時間の隔たりの分だけちがっています。

たとえば哺乳類で、ウマとコウモリとクジラはまったくちがう姿をしています。見かけからも、遺伝子が大きく異なることがわかりますが、ウマとコウモリとクジラに匹敵するほど遺伝子が大きく異なっていても、鳥たちはおなじような姿に見えてしまいます。

「小鳥」と総称されてしまうほど、だれもが近い姿に見えてしまうとしても、実際には形状の異なる哺乳類とおなじくらい遺伝子が（中味が）異なっていると考えてください。

白系オウムも大きく高度な脳をもっています。

文鳥、インコの進化

文鳥やカナリアと暮らしている人から見ると、インコには羽色以外に大きなちがいがないように見えてしまうかもしれません。しかしここでも、もっている遺伝子には見かけ以上の差異があります。

また、地球の広範囲に分布するインコの生活環境はさまざまで、もっている習性、性格もさまざま。個性の方向性も、文鳥とは異なっています。

性格の強さ、一羽飼いの場合の飼い主に向けられる愛情の強さについては、ボタンインコやコザクラインコは、セキセイインコなどよりも、むしろ文鳥寄りであると、よく指摘されます。

文鳥の心に近さを感じたり、オカメインコの心に近さを感じられるのは、鳥と人間が近い進化の道を辿ったことも影響しています。そうしたことを考えると、文鳥とコザクラインコの近さも「あり」なのかもしれません。

余談になりますが、南米に暮らすハヤブサの仲間のカラカラ（たとえばフォークランドカラカラ）とニュージーランドに暮らすインコの仲間であるケア（ミヤマオウム）の高い知能と好奇心の向き方には、共通するものがあります。ともに野生の中で、さまざまな思考をめぐらしながら食料を得ている姿が観察されています。

鳥がもつ優れた脳

哺乳類とは異なる脳

鳥の脳と哺乳類の脳はまったくちがっていますが、同等のことが可能です。ニューカレドニアに棲むカレドニアガラスなど、自身の頭で考えて道具をつくり、それを上手に使う鳥もいます。

道具を自作したり利用したりする鳥の種類は、哺乳類よりも多いという事実もあります。哺乳類のほうが優れているというのは、哺乳類の一員である人間の思い込みであり、幻想でもあります。

人間の姿からもわかるように、哺乳類の脳は発達し、高機能になるほど大きく重くなる傾向があります。

哺乳類型の脳では、活動する脳領域をつなぐ「配線」が大量に必要で、さらに機能を上げようとすると、大脳の皮質部分を増やすことに加え、今以上の配線が不可欠だからです。

一方、鳥の脳は重要な領域が密集し、固まり(ブロック)となっていて、領域どうしをつなぐ配線も、無駄のない、短いものとなっています。不必要に大きくならないという点において、鳥類の脳は人間を含む哺乳類のものよりも高性能と見ることもできます。

なお、あまり知られていませんが、文鳥とおなじカエデチョウ科でより小柄なジュウシマツを人間サイズにすると、その脳は人間の脳よりも重くなることがわかっています。体に対し、とても大きな脳をもっているということです。

ジュウシマツほどではありませんが、文鳥も十分に大きな脳の持ち主です。

体のわりに脳が大きいジュウシマツ。うたうこと、歌を聴くことに特化した脳でもあります。

一部は霊長類ポジションにまで進化

体重に対する脳の重さをもとに、その生物の脳を評価するための指数があります。脳化指数と呼ばれます。それをグラフにした図があるのですが、鳥類と哺乳類の重なりは大きく、さらに一部の鳥類が霊長類と重なっています。そうしたことから、哺乳類と鳥類は、脊椎動物の中でも特に脳が発達したグループと考えられています。

霊長類に近い数値をもつのは、大きな脳をもつ大型の鳥です。

スズメ目ではカラスの仲間が多く、ハシボソガラスやハシブトガラス、インコ目ではタイハクなどの白系オウムやヨウム、ミヤマオウムなどが挙げられます。

あまり大きくはない文鳥や小型のインコ、オウムの脳は、ここに挙げた鳥ほどの能力はもっていませんが、考えて行動できる十分な力と豊かな感情をもっています。

高度な脳処理

飛行時の体のコントロールには、高度な脳処理が必要です。視覚情報の処理や判断も、的確に行われなくてはなりません。

鳥の場合、目から入った視覚情報の処理も人間より高度に行われています。視細胞からの信号が束ねられ、情報量が減らされている人間に対し、鳥の視細胞から送られる信号は、まとめられることなく、そのままのデータで脳に送られます。当然、脳が行う処理作業量も多くなります。

本書で取りあげた文鳥や小型のインコ・オウムはとてもコンパクトで、多くは25~100グラムほど。体のサイズに合わせて脳も小さくなっているため、必然、利用できる脳の容量も少なくなります。

そこで彼らは、さえずる鳥なら、それを司る部位など、それぞれにとって重要な脳の部位を発達させるなどして、上手く使っています。結果として、人間と同等の記憶力はもっていません。生きていくうえで大事なことは残りますが、それ以外のことは定着することなく記憶から薄れていきます。

それでも、楽しい暮らしが生み出す感情がつくる記憶は長く残ります。安定した幸福な暮らしでは、生涯残ると考えられています。

文鳥の歌、インコの発声

鳥と人間の発声の秘密

人間とさえずる鳥には、多くの共通点があります。「声」を使ったコミュニケーションもそのひとつです。

インコは鳴禽のような「さえずり」をもちませんが、声を使って仲間どうしも、人間とのあいだでも意思の疎通が可能です。話せるインコの場合、人間の言葉を使ったやりとりも可能になります。

意識して聴いている人は少ないかもしれませんが、文鳥のチーヨチーヨという歌を含め、さえずる鳥は、自分の意思で息の流量をコントロールしていて、必要なときには止めることもできます。そうやって、さえずりを奏でています。

会話をしているときやうたっているとき、私たち人間も、息の強さをコントロールし、ときに止めてもいます。特に意識することもなく鼻唄をうたっていたりもしますが、実はブレス（息）のタイミングを自身で制御してうたえるのは、ほかの哺乳類がもたない特殊な才能です。

水中で暮らす生き物を除いて、息を自在にコントロールできる哺乳類は人間だけ。それは鳥と人だけに与えられた特別な能力です。

鳥のさえずりと人間の歌、鳥の発する短い声とさまざまな人間の声。この2つは、ある意味、同質と考えることができます。

息を自在にコントロールしてうたいます。

声帯ではなく鳴管で発声

ただし、「声」をつくる場所にはちがいもあります。人間は喉にある「声帯」と口、舌を使って言葉を発しているのに対し、鳥は気道の奥、肺に向かって2つに別れる気管支のところにある「鳴管《めいかん》」という器官を使います。話すインコの場合、鳴管に加えて、舌と気道も上手に使って人間の声の音を

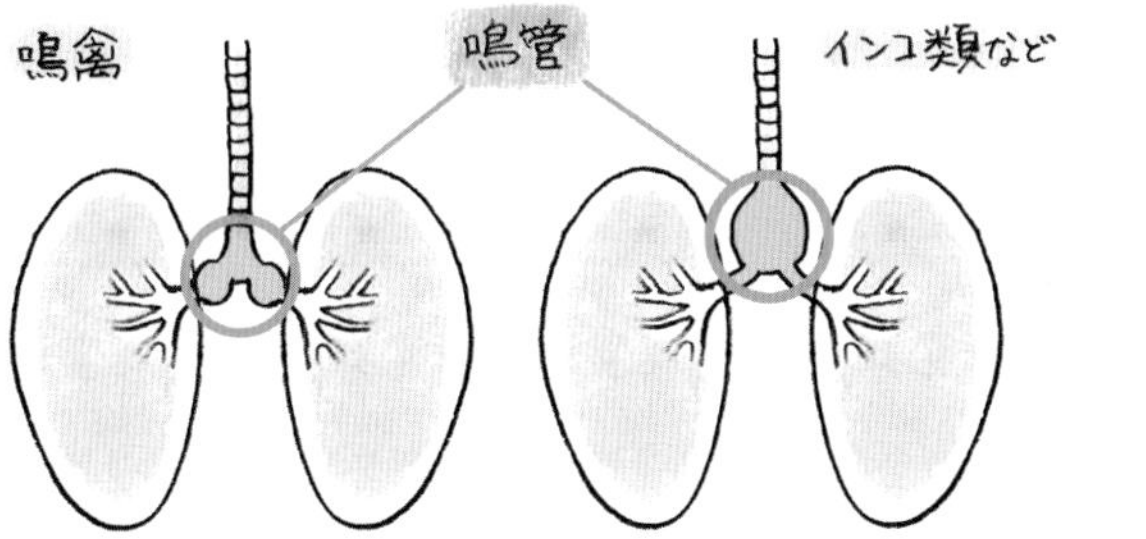

鳥の鳴管の位置と形状。左は鳴禽、右はインコ類など。鳴禽の場合、別れた気管支の左右にある鳴管をそれぞれ別に操作して、キーの異なる音、メロディを生み出すことができます。しかし、さえずる鳥が必ずしも2つの鳴管を使いこなしているわけではありません。

真似ます。

　鳴禽の鳴管には通常6対の筋肉（鳴管筋）がつながっていて（カナリアは7対）、その筋肉を複雑に操作しながら、そこに肺からの空気を送り込むことで意図する音を出します。

　さえずる鳥では、左右の脳がそれぞれの鳴管と独立したかたちでつながっていて、左右の鳴管を別々の発声器官（楽器）として動かすことが可能です。

　ただ、歌う鳥がみな、左右の鳴管を別々に動かしてさえずっているかといえばそんなことはなく、飼育鳥の中でも歌の名手とされるカナリアは、そのさえずりにおいて、片側の鳴管しか使っていないことがわかっています。

　ふたつの楽器（鳴管）を同時に奏でることで、演奏は確かに立体的で複雑なものになりますが、それをするには脳が行う作業量が2倍にふくらむなど、負担も増えます。そのため、両方の鳴管を極限まで使いこなすような高度な演奏は難しいのかもしれません。

　カナリアは、あえて片方を使わないという選択をすることで、さえずりのクオリティを上げている可能性があります。文鳥の場合はどうなのでしょうか。

インコ類は鳴管の位置が異なる

　一方、インコ類は気管支が分岐する手前側に鳴管があります。

　鳴管から伸びる神経は左右の脳とつながっていて、脳は鳴管をひとつの器官として動かしているよ

セキセイインコは、さえずる鳥も驚くほど、鳴管の筋肉が発達していることがわかっています。

うです。

器用に人間の言葉を話すセキセイインコなどは、鳴管と気道と舌を上手にコントロールして、人間の声と似た「音」を自在に、連続的に生み出します。

そんなセキセイインコは、鳴管を操る筋肉の量が多く、さえずる鳥よりもずっと発達していることがわかっています。

インコ以外でも人間の言葉を話したり、さえずりではない複雑な声を出す鳥は、インコとおなじように鳴管を使っているようです。

たとえば、広い意味で鳴禽ではあるものの、実際にはさえずりをもたず、「カア」という声に非常に多くバリエーションをもたせ、仲間とのやりとりに活用しているカラスの仲間は、さえずる鳥たちとはちがって、鳴管を一個の器官とみなして声をつくっています。

ここからわかるのは、鳴禽に分類される鳥でも、みなおなじように左右の鳴管を同時に使っているわけではなく、それぞれの種が自身に合った使い方をしているということ。それは理にかなっているといえます。

「聴く」力も大切な文鳥とインコ

鳴禽のさえずりは、縄張りの維持やメスへのアピールに不可欠。そのため、まだ若い時期に必死でおぼえます。

一方、セキセイインコが言葉をおぼえるのは、メスの鳴き声を上手に真似ることが求愛につながるため。人間が大好きで、どうしても振り向いてもらいたいオスは、必死で人間の言葉をおぼえようとします。

その際に、発声とともに大事になってくるのが「聴く能力」。鳥たちにとっては、聞いたことを記憶する力も重要です。

鳥が見ている世界、聞いている世界

鳥の目は大きい

鳥がもっとも活用する感覚器官は、目。

五感の中でも視覚は特別です。

仲間の姿を探すのも、水や食べ物を探すのも、敵を見つけるのも目がたより。つがいの相手を決める際や、好きな相手の識別にも目が重要な役割を果たしています。

鳥の場合、私たちがその顔で「目」と認識しているところの内側に、見かけよりもずっと大きな眼球が隠れています。鳥の頭蓋骨の中味は、発達した脳と大きな眼球によって占められているといっても過言ではありません。

ちなみに、鳥たちが両目で見ているときと、小首を傾げるようにして片目で見ているとき、像は網膜上の別のポイントに結像していて、それぞれちがうルートで脳に映像が送られています。

両目で見ているほうが解像度が低く、片目のほうが高解像。より細かいところまで見えています。そのため、しっかり見たいと思うものを、鳥たちは片目で見ます。

文鳥もインコも、人間よりも高いピント調節機能をもっているので、目の前1センチメートルほどの距離でも、問題なくピントを合わせて見ることができます。

ちなみに、文鳥やインコが両眼で見られる範囲は次ページの図のとおり。人間と比べるとかなり狭くなっています。ただし、インコやオウムでは、両目をクチバシの側に寄せ、〝寄り目〟にして、両眼視エリアを拡大して観察する姿もよく見かけます。

鳥の目は四原色

視力は、網膜上にある、ものを見るための細胞「視細胞」の数が大きく影響をします。視細胞には、光を見分ける「錐体細胞《すいたいさいぼう》」と、色を見分ける「桿体細胞《かんたいさいぼう》」という2種類があります。

網膜の面積は限られているの

で、色に対する感度を減らしても高い視力を維持したい場合、錐体細胞を増やし、とにかく色の見極め能力を高くしたい場合は、桿体細胞を増やす必要があります。

　どうしても両方が必要な場合、眼球自体を大きくして、視細胞の数さらに増やすという選択肢を選びます。ちなみにフクロウ類や大型の猛禽類の眼球は、私たちとおなじくらいの大きさがあります。

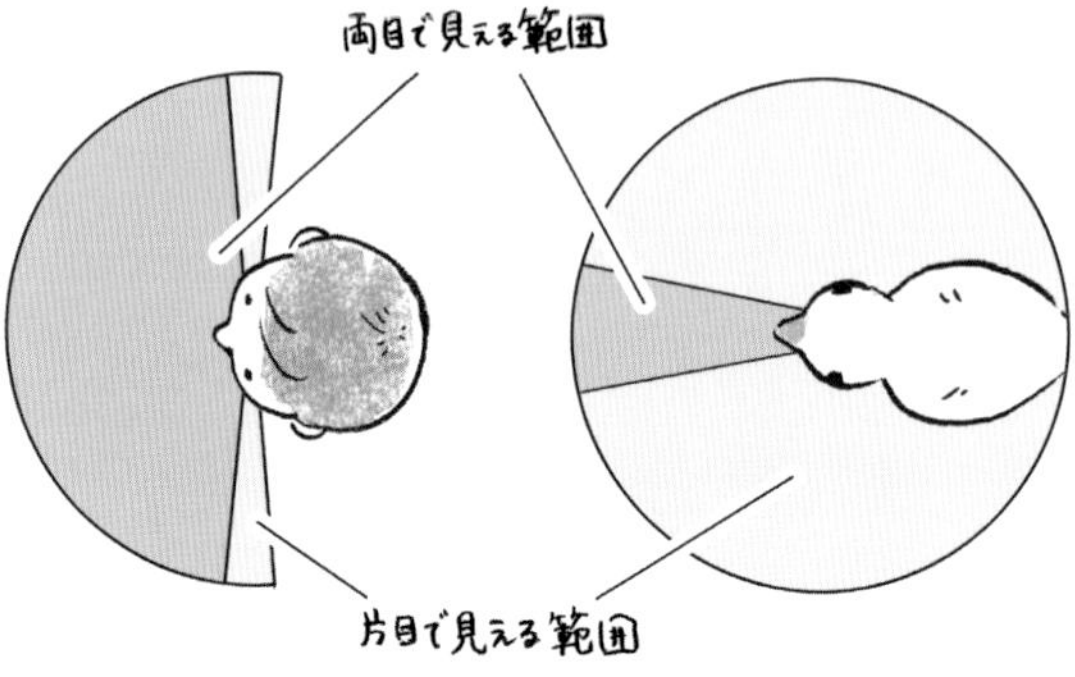

鳥が両目で見ているエリアがかなり狭いことがわかります。
ハトで約22度と確認されています。

　私たちは「赤」「緑」「青」の桿体細胞により、三原色で世界を見ていますが、鳥たちは「赤」「緑」「青」「紫・紫外」の4つの視細胞によって、より高度に世界の色を認識しています。

　ちなみに多くの哺乳類は、色を見分ける視細胞を2種類しかもたず、二原色の世界で生きています。実はそれは、脊椎動物としては例外的なのです。

　人間の祖先もかつては二原色の世界で暮らす色覚の乏しい生き物でしたが、夜行性から昼行性に変わり、樹上で暮らすようになったときに、あらためて三原色で見る力を手に入れました。

　そのため、カラーで見ることはできるようになったものの、鳥に比べると色彩は「いびつ」で、色数も少ない状態になっています。

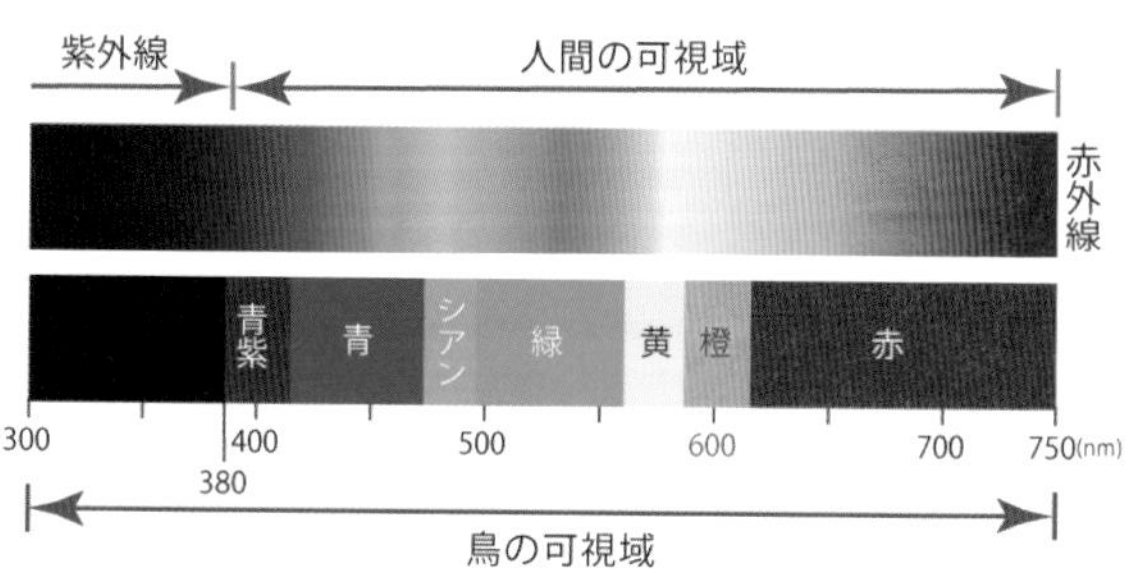

鳥には人間には見えない紫外線も見えていて、生活にも利用していることがわかっています。

鳥の耳

鳥の耳の可聴範囲は、人間の耳よりもやや狭くなっています。

人間の耳に聞こえている音は20~20キロヘルツほどですが、鳥には低い音も高い音も聞こえず、多くは100~10キロヘルツほど。イヌやネコが利用している超音波も、もちろん聞くことができません。

可聴域のうち、鳥の耳が特に高い感度をもつのが、だいたい1から5キロヘルツ。人間の耳が高い感度をもつ領域と重なっています。

それが鳥のさえずりを心地よく感じたり、西洋音楽において、鳥のさえずりを採譜して音楽に組み込んでいた作曲家が複数いた理由のひとつです。

鳥のさえずりは多くの音楽家に影響を与え、さえずる鳥と合奏を楽しんだ音楽家もいました。

鳥の耳の真価

人間の可聴域と重なることが鳥の耳の特徴ではありますが、その耳の真価はほかにあります。

鳥の耳、特に鳴禽の耳は、人間よりもより細かく、正確に音を聞き分けることが可能です。

そしてその脳は、何度か聞いたさえずりを音程、ピッチ、音の要素を含めて正確に記憶することができます。

文鳥などの鳴禽は、父親や近くにいる同種のさえずりを聴き、それを完璧に記憶し、それをもとに自身を訓練して、自分のさえずりをつくりあげていきます。鳴禽という名をもつだけあって、この能力はさえずる鳥のほうがインコ類よりもずっと優れています。

なお、鳥の場合、音を聴くためのセンサー(有毛細胞)は、人間とはちがって壊れても再生するため、生涯難聴になることはありません。老化しても耳が衰えることないと考えられています。

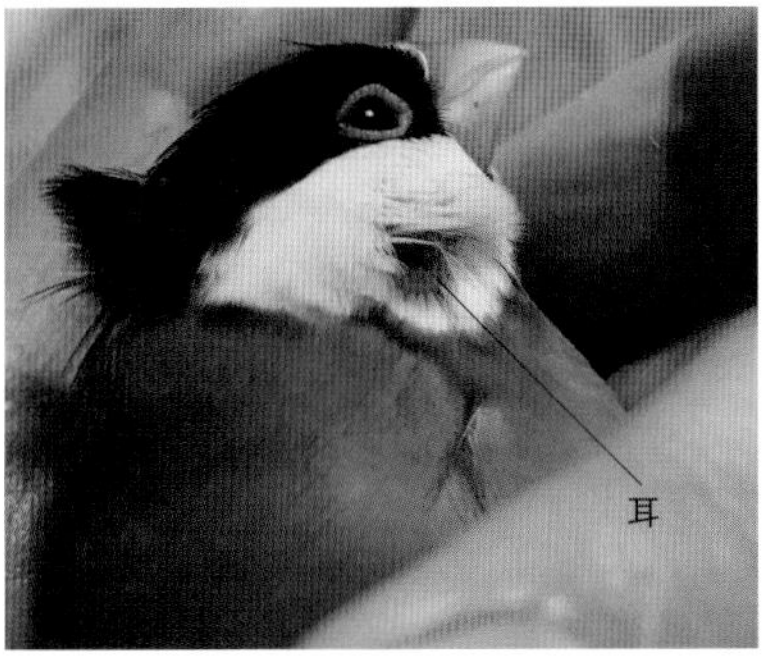

白いほっぺたの羽毛は、別名「耳羽(じう)」。収録現場のマイクの前につける「ポップガード」のような役割も果たしています。

味覚と嗅覚のこと

鳥は味がわからない？

ペレット食の鳥も、種子食の鳥も、それぞれ好みがあって、「これは美味しい」、「これはイヤ」、「不味い」など、食べ物の「えり好み」をしていることを、私たちは経験からよく知っています。

鳥は味に鈍感というのが通説で、鳥と接触する機会の少ない層を中心に強く信じられてきましたが、事実は異なることがわかってきました。

鳥に味はわからないという主張は、味を感じる細胞「味蕾《みらい》」の数が少ないことが根拠でした。人間の味蕾の数は9000～10000個ほど。乳幼児の時期はさらに多いのですが、成長とともに少しずつ減ってきます。

味蕾の数が多いのは草食動物で、ウシやヤギの味蕾は人間の数倍もあります。逆に、肉食のネコ（イエネコ）の味蕾は500個ほどと、人間よりもかなり少なくなっています。

鳥類で多いのはインコ・オウム類で300～400個ほど。スズメ目はそれよりも少ないとされます。ハト類はインコ目の8割ほどです。

インコの仲間ははっきり味の好みを示し、好きな味のものをもらった際に嬉しくて踊ってしまうなど、人間の子供にも似た行動を見せることがあります。

文鳥も、食べたくないものは食べないと主張することがあります。

大事なのは食べ物が通過する領域の味蕾の数と密度

人間の味蕾の9割が舌の上に分布するのに対し、鳥は咽頭に近い舌根部にあります。つまり、飲み込むときを中心に食べ物の味を感じているということです。

文鳥〜オカメインコサイズの鳥の喉の径は、人間よりもはるかに小さくなります。たとえ味蕾の数が人間の20分の1しかなかったとしても、そこに味蕾が集中していたなら、味蕾の密度はそれなりに高くなり、味覚の感度も高まると推察できます。

味蕾の数は少なくても、鳥は十分に味がわかるというのが近年の通説になってきています。先にも示したように、文鳥もインコも実際にはっきりとした味覚をもち、それぞれの「好み」をもちます。

嗅覚もあります

脊椎動物の大脳の先端には飛び出して見える部分があり、匂いの感覚を処理している部位であることから「嗅球《きゅうきゅう》」と呼ばれます。

嗅覚を多用する哺乳類で特に発達していますが、鳥の脳にも嗅球は存在し、実験を通して鳥も高度な嗅覚をもつことが確認されています。ただし、カラスの大脳の先端にあるはずの嗅球は痕跡程度で、カラスは例外的に、ほとんど嗅覚を利用していないようです。

逆に伝書鳩では、特定の土地上空の匂いを記憶して、帰巣する際の位置確認に利用しています。ハト以外の鳥でも、飛翔の際にその場の空気の匂いから場所を特定している可能性が指摘されています。

また、営巣時の巣材選びで嗅覚を利用していると報告された鳥もいます。まだ十分な研究報告はありませんが、もしかしたら仲間の個体識別に匂いを利用している種もいるかもしれません。

たとえばオカメインコの体臭は一羽一羽ちがっていて、慣れた人間の場合、複数飼育していても、鳥の匂いをもとに個体識別をすることが可能です。

クチバシの形と水の飲み方

クチバシの形状

インコやオウムは曲がっていて、文鳥やジュウシマツは尖っています。曲がったクチバシを見ると、その鳥がインコやオウムの仲間であることは一目瞭然です。

いわゆる小鳥の範疇に入るスズメの仲間（スズメ科）や、身近なシジュウカラの仲間（シジュウカラ科）、文鳥の仲間（カエデチョウ科）のクチバシは、よく見ると太さがかなりちがうことがわかります。

鳥のクチバシは食性によって変化します。シジュウカラ科のヤマガラなどが細くて硬い、尖ったクチバシをもつのは、硬い木の実にクチバシの先端を叩きつけるようにして割って食べるためです。

おもに種子を食べる鳥で大きなクチバシをもつのは、比較的硬い殻のものも割れるように進化した結果です。日本では、シメやイカルなどが大きなクチバシをもちます。

空を飛ぶ鳥は軽量化のため、頭部からも可能なかぎり筋肉を削ぎ落としましたが、大きなクチバシをもつ鳥たちは咬むための筋肉をほかの鳥たちよりも多く残しています。それは、文鳥が本気で咬んできたときの痛さから実感される方も多いのではないでしょうか。

そんなスズメ目の中でも、文鳥のクチバシは特徴的で、先端が細く尖ったスプーンのような形をしています。

水の飲み方

なお文鳥は、特徴的な水の飲み方をします。

たとえばテーブルの上や、乗った手の上に水滴があるとき、クチバシの先端を水滴に差し込むと、みるみる水が減っていきます。

まるで「ちゅー」と吸っているように見えますが、実はこれは吸っているのではなく、上下のクチバシの重なっている隙間の「毛細管《もうさいかん》現象《げんしょう》」を利用したもの。

ぴったり重なるスリット状の板のあいだや細い管の中を重力に逆らって水が上がっていく物理現象を利用した、文鳥ならではの水の飲み方です。

文鳥は水滴にクチバシの先端をつけるだけで、自動的に口の中に水が入ってくる「しくみ」をもっています。あとはせっせと舌を使って水を喉に送れば飲水完了。近縁種のジュウシマツも、この方法で水を飲むことができます。

正面から見た文鳥のクチバシ。

インコもニワトリも、下のクチバシをカップの替わりにして、すくい上げた水を頸を上に向けることで喉に流し込んでいます。多くの鳥がこの方法で水を飲みます。

しかし、文鳥やジュウシマツは、水入れにクチバシを差し込んだまま、頭を上げることなくごくごく水を飲むことができます。

こうした水の飲み方も、生活環境への適応の結果ですが、なぜその方法を身につけたのか、詳しいことはわかっていません。

身近な鳥ではハトも同じようにして頭を上げることなく水を飲みます。ただ、鼻の穴がクチバシのつけ根にある文鳥とちがい、クチバシの途中にあるハトの場合は、鼻を水没させるように水の中にクチバシ全体を入れて水を飲む様子も観察されます。そうしても、まったく苦しくないようです。

どうしてこんな飲み方ができるのか、文鳥以上に謎です。

どういう過程を経てこの飲水術を身につけたのかはわかりません。ただ、文鳥は水場に行かなくとも、スコールのあとなどに葉の上に水滴が残っているだけで、喉を潤すことが可能です。

コラム

まぶたの動かし方を観察

まぶたの動き

鳥の寝顔は、やんわり微笑んだような表情にも見えます。上のまぶたはあまり動かず、下のまぶたが上にあがって、ぴったり閉じるようになっているため、閉じた目の形が浅い「⌒」のような形になるためです。

文鳥は、まさに典型的な、そうしたまぶたの動きを見せます。

赤いアイリングがまぶたの縁のラインを強調する文鳥の寝顔は、本当に優しい微笑みのようで、ともに暮らす人間に、起きているときとはまたちがった幸福感をくれます。

少し特別なインコ

インコも基本的には下のまぶたが上に向かって動きますが、閉じているまぶたの位置を自分の意思で上下させることもできます。

瞳の中心点付近で一直線の状態にもできますし、一時的に「◡」のような形にもできます。人間にはできないことなので、その動きをじっくり見ていると感動さえおぼえます。

また、閉じた状態で、まぶたの閉じる位置を動かしつつ、まぶたの内側の瞬膜《しゅんまく》を動かしていることもあります。そうすることで角膜表面の涙をまんべんなく行き渡らせて、瞳に酸素を供給しているようです。器用です。

このようなまぶたの動かし方も、進化のひとつの結実なのかもしれません。

眠っている文鳥のヒナ。

CHAPTER

2

文鳥・インコの気持ちと感情

自分を鳥だと思っている？

似ているところに気づく

鳥と、ほんの少し、いっしょの時間を過ごしただけで、「人間と似ているところがたくさんある！」と気づくと思います。

初めからそれを知っていて、自分好みの性格をもつ理想の相手と生活がしたくて、特定の鳥を求める人もいます。

暮らし始めるまで、鳥はかわいい声やしぐさで癒しをくれる存在と思っていたけれど、想像とはまったくちがう生き物だったことに気づいて、「うれしいショック」を受けた人もいることでしょう。

文鳥やインコなどの鳥たちは、人間に似ています。

いえ。実は、それは逆で、私たち人間のほうが鳥に似ています。

人間の祖先は、鳥たちが恐竜から鳥へと進化した樹上に上がり、鳥たちの後を追うようにして進化してきたことがわかっています。そして人間は、美しい姿や声に惹《ひ》かれるなど、鳥に似た美観や価値観をもっています。

鳥はアバウト

人の手で育てられた鳥は、親代わりの存在である人間を信頼し、頼るようになります。

だれかの世話がないと生きていけないことを本能的に知っているので、「とにかく頼れるものを頼れ」と遺伝子が命じます。

自分の世話をしてくれる者、特にご飯をくれる相手を「好き」と感じるのは「子供」としては自然なことです。

気持ちが変化するのは、大人の羽毛になり、性成熟する頃で、その時期になると、多くの鳥は人間のことを「親」という目では見なくなります。

それでも、「好き」という気持ちはどこかに残り続けます。多くは、性的なものを除いた好きという気持ちを自分の内に留めて、人間と向き合っていきます。

ただ、中にはこの人が自分の鳥生のパートナーだと強く思い込むケースも――。鳥たちから、つがいの相手としての愛情を向けられて、対応に苦慮したり、悩んだりすることもあります。

ことにメスが人間に恋をしていると、その人に背中をなでられたことで卵をつくってしまうほか、声をかけられて「うれしい」と感じただけで、発情のスイッチが入ってしまうこともあります。

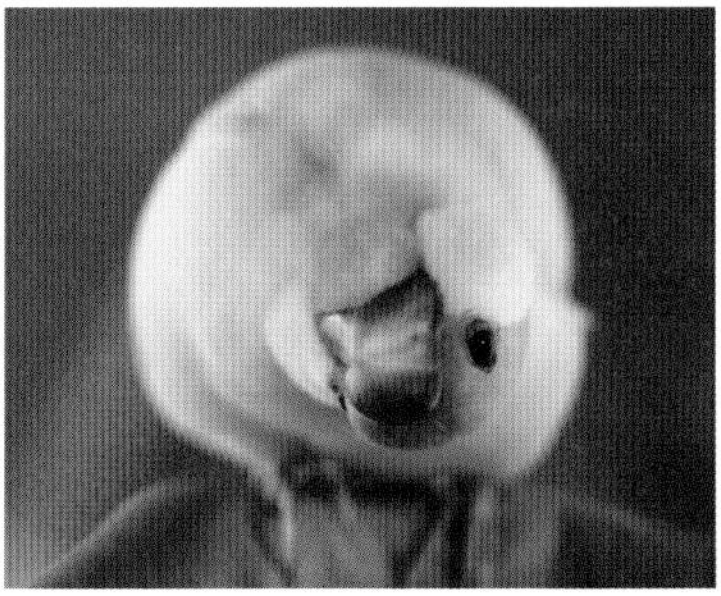

こちらを見上げる文鳥の瞳からは、「いま、幸せなんだから、細かいことはどうでもいいや」。そんな気持ちも見えてきます。

自分を人間だと思っている？

そんな状況から、「自分のことを人間だと思っているよね」と考える方もいます。が、ほとんどの鳥にとって、人間はやはり人間。それでも、「好き」あるいは「人間だけど、とても好き」という感情を持ち続けます。

自在に飛べる翼があることを自覚しているので、その心の中にははっきりと、「自分は鳥」という認識があります。インコやオウムに比べて文鳥のそうした意識は、よりシャープ（＝鳥としての自覚が強い）と感じられます。

セキセイインコやオカメインコでは、「鳥」としての自覚をもつ一方で、なんとなく、「もしかしたら自分は人間でもあるかもしれない……」と感じているように見える例も少なからずあります。

とはいえ、そうした思いを自身の中で深堀りしたりはしません。ただ自然に、「まぁ、そんなもの」と受け入れるのみです。

一部に例外もあるようですが、多くの鳥は自身を人間だとは思っていません。その心にあるのは、「好きなものは好き。だから、細かいことはどうでもいい」なのだと思います。

好きになった相手が好き

鳥の心に境界はない

同性の鳥カップルに絞って、もう少し「好き」の話を続けましょう。

鳥はアバウトです、という話をすることがありますが、実際にいえるのは少しちがっていて、「許容範囲が広く、境界がない」です。

好きなものは好き。好きになってしまったのだから、相手が同性でも気にしない。異種でも、気にしない。この相手のヒナをいっしょに育てたい。でも無理なら、いっしょにいられるだけでいい。

それは鳥にとって、けっして不自然な思考ではありません。

なぜなら野生でも同性のカップルが一定数いて、同種の数が少なかったり、偏りがあって相手の選択が限定される動物園などでも、同性カップルがよく誕生するからです。野生や動物園の場合、大型の鳥にそうした例が多く見られます。

たとえば動物園では、どうしても抱卵して育雛《いくすう》がしたいキングペンギンの同性カップルに、抱卵放棄された有精卵を託したところ、喜々として抱卵し、ヒナを孵《かえ》した事例がデンマークであり、国際的なニュースにもなりました。

交代で卵を抱き、孵ったヒナの子育てをしているあいだに彼らが感じていた幸福感は、異性のカップルのそれとまったく遜色のない、とても大きなものだったにちがいありません。

ラブバードに多い

家庭内で飼育されている鳥の中で同性カップルが多いのは、やはりコザクラインコやボタンインコなどのラブバードでしょう。

オスどうし、メスどうしで、とまり木の上でぴったり寄り添い、さらには足指を重ねてまったりしている姿を見ることもあります。

本当に、「この相手が好き！」という気持ちが伝わってきます。

こうしたカップルでは、異性のケースと同様に、どちらかが病気になるなどして早世してしまった場合、残されたほうがあとを追うように亡くなるケースが実際にあります。飼い主がどれだけそばにいてケアをしても、失ったものの大きさには代えられないようです。

文鳥もあります

仲のよい二羽が寄り添うように眠る姿を見ることもある文鳥。大好きな相手と子育てがしたい衝動は、そんな文鳥にもあります。

嫌いではないオスの求愛を受け入れて交尾をしたのち、産んだ卵をたがいにカップルと認識する相手(同性)と温め、ヒナを孵す事例があります。

ほかの鳥と同様、文鳥のオスもパートナーと育雛しつつも、隠れて浮気をすることがあります。少しでも多く自身の遺伝子を残したいオスにとっては、それも生存戦略のひとつだからです。

本当に浮気なので、子育てを手伝う気がないケースも多いのですが、同性カップルのメスたちにとっては、つきまとわれたりせずに安心して抱卵、育雛ができるので、逆にそれも歓迎です。

愛するものとともにヒナと向き合う。結果的にそれも、ひとつの幸せの形なのでしょう。

どちらか、もしくは両方がオスと交尾して卵を産み、ヒナを孵した事例です。

飼育されることで好奇心を開放

鳥にも強い好奇心が

　原始的な生き物についてはよくわかっていませんが、少なくとも魚類以降の脊椎動物には、多かれ少なかれ好奇心があります。それは種の維持や発展に必要なものだからです。

　ほかの個体よりも好奇心が強くて、少し思慮の足りない若鳥が、だれも口にしていないものを食べてみたり、群れがまだ行ったことのないところに行ってみたりすることで、食性の幅を広げたり、生息域を広げたりしてきました。

　ただし、その背景には、若さの裏返しである「無謀さ」が原因となったたくさんの死があったこともまた事実です。

　臆病さ、慎重さは、生物が生き延びるために備わったひとつの資質です。ただ、慎重すぎて冒険がなくなり、行動が「閉じ」てしまうと、なにか大きな事件が起こったときに絶滅の危機を迎えます。

　生活圏や食性を広げておくのは絶滅回避のための予防措置でもあるからです。好奇心と、慎重さ・臆病さは、生物にとってどちらも不可欠で、バランスを取るべきものでもあります。

家庭は比較的安全！

　発達した脳がちょっとした好奇心を生み出すことは、よく知られています。が、野生の鳥は、安全とわかっているものを食べ、危険を回避しながら生き延びることに精いっぱいで、遊びを楽しんだり、余剰な好奇心を発揮したいと思うことがあまりありません。

いろいろやってみたい文鳥の若鳥。

しかし、家庭での暮らしに慣れ、その場所の安全性を確信した鳥は、「別鳥」に変身します。秘めていた好奇心を表に出しても問題ないことを、暮らしの中で少しずつ知っていくからです。

なにかをかじったり、食べてみたりしても危険がないことを、少しずつ理解するようになります。すると、人間はある意味、おもちゃの延長になり、部屋は、大きなアスレチックジムになります。

文鳥の特質？

好奇心を満たすために鳥たちはあれこれ行動をしはじめますが、初めて見るものを恐れるなど、多くは慎重さも残します。

特にイヌやネコなどの肉食動物に鳥は本能的な恐怖を感じ、おなじ家で暮らすものとして認知したあとも、安易に近づかないケースは少なくありません。

とはいえ例外もあり、一部の鳥は大型の動物をまったく恐れることなく近づいていって、頭や背中に止まり、さらには耳や尾を引っぱったりすることもあります。

絡まれたイヌやネコの中にはどう対処したらいいのかわからず、「なんとかしてくださいよ」と飼い

主に目で訴える例もあります。

こうした行動の事例はインコやオウムにもありますが、彼らの場合、相手を見きわめて、大丈夫という手応えを得て、さらに仲よくしたい気持ちからの行為であることも多いようです。

予想外に大胆な行動に出るのは、文鳥により多いという報告もあります。一部には、クチバシを大きく開け、相手を威嚇するような姿も。それはまるで、自分のほうが強いと主張しているようです。

なんだか「恐怖」を感じる心が欠けているようにも見えますが、そうした行動も、文鳥がこれまで生き延びてきたうえで必要な「資質」だったのではないかと専門家は考えているようです。

ヒナ〜若鳥の好奇心

文鳥はやはり大胆

幼い文鳥には、とにかく急いで世界を認識したいという気持ちがある一方で、「怖い」という感情をどこかに置き忘れてきたように見えるものも少なからずいます。

幼い文鳥にとって、それぞれに怖いものはもちろんあり、絶対に近寄りたくないものもあります。大人になっても怖さが消えない対象もあります。けれども、少し見ているうちに慣れて、怖くなくなるものが多いのも事実です。

初めから怖くなかったもの、やがて怖くなったものについて、幼文鳥はそれがなにか、どんな感触なのかを確かめたくてしかたがありません。対象が生き物であってもおなじです。

たとえば先住の鳥に対し、悪意などまったくないまま、いきなり体のどこかを突ついてみたり、その背に飛び降りてみたり。

相手がそれをどう思うかとか、怒って反撃してきて、自分が大ケガをするかもとか、想像もしていない様子。実際にコザクラインコなどにこれをすると、流血――大ケガの惨事になることもあります。

結果、接触はまだ早いと飼い主が慌てて止めて、両者を分けることになることもしばしば。

イヌやネコ、ハムスターなどに対しても、それがどんな生き物なのか確かめたくてしかたがない個体もいるようです。

それに対して、セキセイインコ

生後1〜4カ月ほどの時期の文鳥のヒナの行動に悪気はまったくありません。なにかをやらかしても、それはただの好奇心です。

やオカメインコ、コザクラインコなどの幼鳥はもっと臆病で、第一の選択肢は「逃げる」の一手。

生き物が相手の場合、そっと近づいて様子を見たり、遠くから観察するのに留めることが多く、直接触れてみようと思うことはまれです。

ただし、怖いがゆえに相手の正体を確かめないと落ち着かないという気持ちから、物陰から長時間、相手のことを観察したり、ゆっくり近づいて、そっと触れてみることもあります。

世界を知る方法

文鳥の若鳥が急ぐのは、ヒナ換羽が済むまでに自分がいる環境をできるだけしっかり把握しろという遺伝子の命令が大きく作用するためのようです。本人（本鳥）の頭の中には深い考えはなく、ただ「突ついてみたかったから突ついた」という状況です。

巣立ったばかりの野生の文鳥の若鳥も、親の監視下で、「これは食べ物」と親の行動を見ておぼえたものを中心に、かじったり突ついたりして確かめているようです。

世界を知る方法

文鳥とインコ（オウムを含む）のヒナ〜若鳥が世界を認識するおもな方法は、次のとおりです。

◎文鳥⇓クチバシで咬む、突っつく、引っぱる、ねじる

◎インコ⇓クチバシでかじる、破壊する。上下のクチバシや舌と上クチバシを使って持ち上げてみる。足で踏む、足でつかんでみる。

文鳥のやり方がスズメ目のスタンダードであり、鳥類の一般的なやり方でもあります。

それがなにかを確かめたい文鳥の気持ち（衝動）は、好奇心の固まりでもあるカラスに匹敵するほど強いのかもしれません。

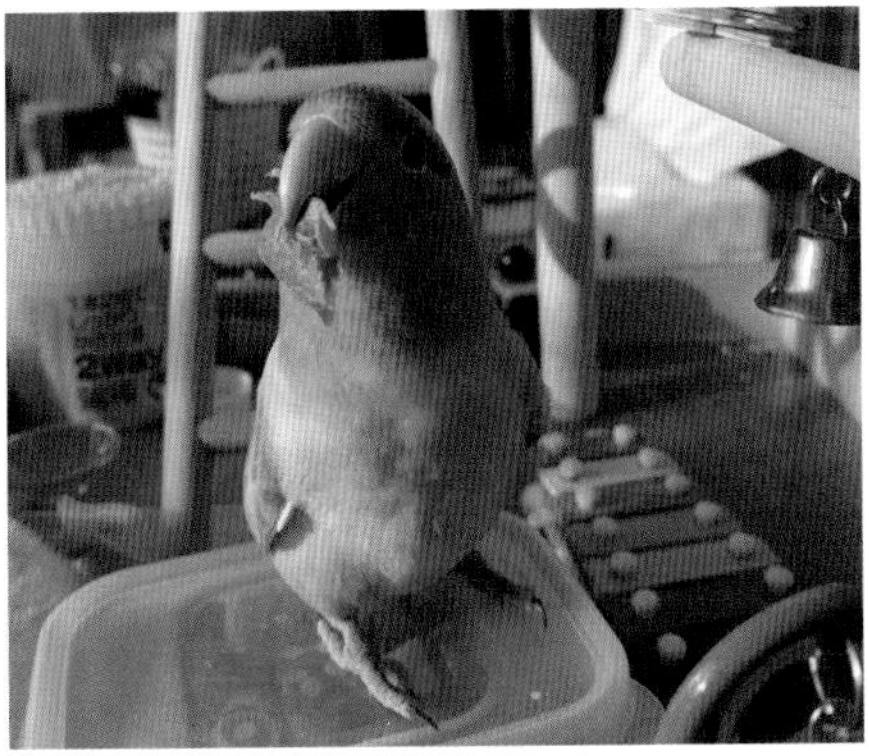

文鳥は、クチバシでまず突ついてみたり、引っぱってみたりします。インコはかじってみます。それが両者の基本の認識方法です。

世界の認識方法のちがいは体のちがい

もっているセンサーを上手に使う

文鳥やインコが世界を認識する方法は、ヒナや若鳥、成鳥も、基本的には変わりません。大人になると少し理性が働いて慎重になったり、経験から恐れる必要がないと知ったものについては若い時期より大胆な行動に出ることもありますが、概ね行動は共通します。

文鳥とインコのやり方は前ページのとおりですが、インコのほうが多いのは、日常的に足でなにかを持ったり、上のクチバシと舌を使ってなにかを持ったり、受け取ったりしているためです。

まず舌ですが、インコやオウムの舌は人間の舌に似て、丸みを帯びた筋肉の固まりで、温感や触感にも優れています。

クチバシと舌でものをつかむと、触った感触・質感、温度、味、匂いが、まとまった情報として脳に届きます。クチバシで咬んでみることで、硬さ、もろさと、それに味が加わって食べられるものかどうかも、ざっとわかります。

そして足ですが、ものをつかみ、持ち上げることもできる足は、スズメ目の足よりもセンサーが多く、得られる情報も多くなっています。

足でつかむと、触った感触、温度、材質などがわかります。持ち上げるだけでなく、体重をかけて踏んでみたり、その上を歩いてみることでわかることもあります。

ただし、頻繁に足を使っている中型から大型インコ・オウムに比べれば、オカメインコやセキセイインコの足から得られる情報は少なめです。

足指の前後が2本・2本で、ものが持ちやすいだけでなく、握力自体もインコ目のほうが強い傾向があります。片足で枝につかまり、片足でものをもつ暮らしが関係しています。

世界を認識するおもな方法

1. 文鳥の場合

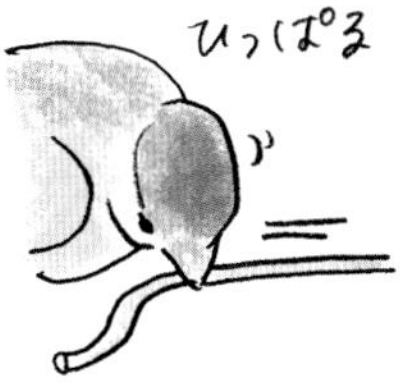

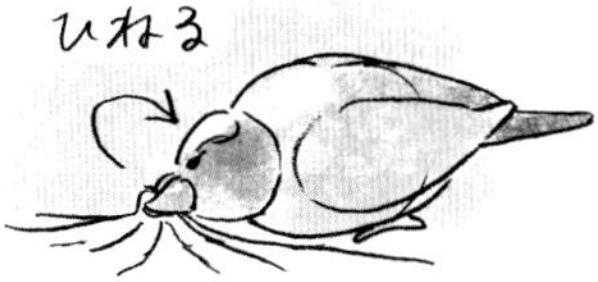

見て認識することに加えて、クチバシでなにかをすることが
世界の認識につながってきます。

2. インコ・オウムの場合（クチバシ編）

かじって壊すことも、インコやオウムにとっては大事なこと
世界を知るために、それもとても重要です。

3. インコ・オウムの場合（足編）

足で持ってかじるのはオプション。

怒りと威嚇

とりあえず威嚇

文鳥ほか、多くの鳥でもっともよく見るのが、クチバシを大きく開けて前につきだし、ときに小刻みに顔を左右に振って見せる「怒っているような顔」でしょう。

怒りは生物がもつ、もっとも古い感情のひとつといわれますが、鳥たちが見せる「怒りの表情」の多くは、怒りというより、本当は怖いけれど、自分は怖がっているわけではないことを相手に示すためのものだったり、「そばにくるな」という威嚇《いかく》だったりします。

弱さを見せると、のちのち不利になるという警戒感から、怖くて怯えていても強がるのが鳥。本気のケンカをしたくないときにも、そんな表情をします。

それは自分のポジションを守るためのものであると同時に、無駄なケンカを避けるために鳥たちが身につけた方便でもあります。

本当に怒っているとき

本気で怒っていて、相手が自分よりも弱いと考えているときや、相手が自分よりも強くても引き下がるわけにはいかないとき、攻撃をしかけます。第一の武器はやはりクチバシ。ですが、足でおたがいを押さえつけながら蹴りあうこともあります。

実はその段階でも、相手がひるんで引き下がってくれないかと祈るような気持ちでいる鳥も少なくありません。ケガをするような行動は本当はしたくない、というのが隠れた気持ちでもあります。

文鳥では、大ケガをするような状況にはあまりなりませんが、血の気の多い鳥の中には、エスカレートして、相手を殺すまで攻撃を止めないものもいます。その回避も飼い主の義務です。なお、舌を見せることが威嚇になるオカメインコなどでは、舌を見せた人間に対して怒りを沸騰させ、飛びかかることもあるので要注意です。

鳥の感情と、気持ちの見つけ方

人間とおなじだけ感情があります

先に怒りの表情について解説をしましたが、文鳥やインコにも、うれしい、腹が立つ、悲しいなどの喜怒哀楽の感情があります。

鳥たちがもつ気持ち、感情はとても豊かです。完全に人間とおなじとはいえませんが、あまり大きなちがいはないように見えます。

いっしょに暮らす時間が長くなるにつれて、うれしいとき、怒っているとき、期待しているとき、ほっとしているときなどがわかるようになってきます。表情やしぐさに、それが表れるからです。

逆に、文鳥やインコも、暮らしに慣れてくると人間を見て今どんな感情、気持ちでいるのか察するようになります。

楽しい気持ちでいるときはすぐにそれがわかりますし、人間が感じた怒りは、どんな感情よりも早く伝わります。ストレスに苦しんでいたり、気持ちが沈んでいたり、大きな不安をかかえている場合も、確実に鳥に伝わります。

こうした状況から、おそらく鳥も人間を見て、自分たちとおなじような感情があると確信しているのだと思います。

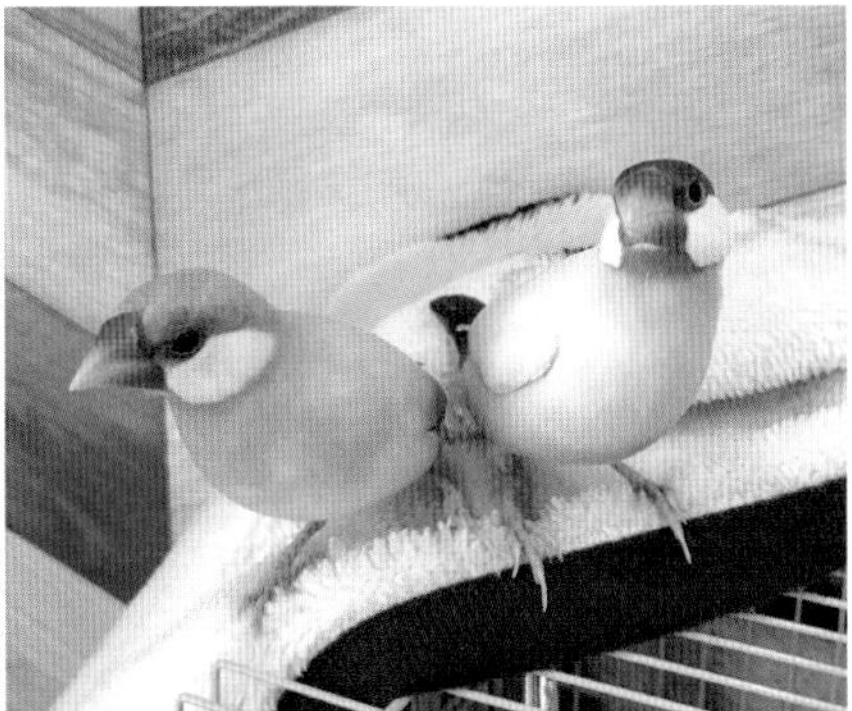

鳥たちが感じるうれしさや怒り

うれしいという感情は、怒りとおなじくらいストレートに鳥の態度や表情に出ます。文鳥の場合、ステップを踏むインコのように全身でうれしさを伝えてきたりはしませんが、ともに過ごすうちに、溌剌《はつらつ》とした動きなどから、わかることも増えてくるでしょう。

文鳥は、自身のうれしさや心地よさを求めて人のそばにきたり、手の中にもぐりこんだりしますが、拒絶されることなく受け入れられること自体、文鳥にとってはうれしいことです。

なお、鳥が感じるある種のうれしさは、幸福感とセットにもなっているようです。

自分のうれしい気持ちや平安な心が人間に伝わり、人間もうれしい気持ちになったことを察した鳥は、ますますうれしくなります。ポジティブな感情であるうれしさは、相互に循環していきます。

なお、長くいっしょに暮らしていると経験値も上がり、人間が次になにをするのかも予想するようになってきます。

鳥が察する「よいこと」は、美味しいものがもらえる、遊んでもらえるなど。ワクワクしている気持ちが伝わってくるような「期待の目」で、人間を見つめてきます。

逆に服装などから出かけることを察すると、しばらく遊んでもらえないかもとか、声が聞けないかも、などの予測ができて不安になったり気落ちすることもあります。

文鳥たちがもつおもな気持ちは、以下のようなかんじでしょうか。

文鳥百態

鳥の表情は正面より、横顔のほうが雄弁です。

【文鳥たちがもつおもな気持ち】

[うれしい]
- 声をかけてもらってうれしい
- 外から帰ってきてうれしい
- なでてもらってうれしい
- 体温が感じられてうれしい
- ご飯がもらえてうれしい
- 期待通りの反応が返ってうれしい

[腹立たしい／悔しい]
- めざわりなやつ(同種、他種、人間)がいる
- じゃまをされた
- 自分よりいい目にあっている
- 自分がいちばんじゃない
- 怒られた

[寂しさ+悲しさ?]
- 大事な相手の姿が消えた

第一に、顔の中でも特に感情が出やすい目をはっきり見ることができること。その鳥の個性の一部として、クチバシの開き方からも感情を感じ取れる飼い主がいます。

インコの場合、なでられて快感に浸っているとき、口が半開きになることがよくあります。温泉に浸かって弛緩している人間（やニホンザル）の表情にも似ます。

下は、文鳥のおもな表情です。先に紹介したように、怒りの表情は怖さや不安を隠すための威嚇であることも少なからずあります。もっとも、どんな感情がにじむ顔も、飼い主にはかわいい顔です。

感情の持続のこと

インコの怒りが「瞬間湯沸器」と揶揄されることがありますが、文鳥もそれに近いものがあります。いつまでも怒っていたところでメリットはまったくないので、怒りの原因や対象が目の前から消えると、比較的簡単に霧消します。

何度も強い怒りをおぼえた相手のことは記憶に刻まれますが、文鳥では、「あいつ、嫌い」と思うレベル。

大型のインコやオウムの中には「一生恨んでやる……」と怨念レベルの怒りを持続させる例もありますが、文鳥にしても、中・小型インコにしても、通常、怒りはあまり引きずりません。

喜びは何度訪れても大歓迎なので、うれしいことが起こるようにときに飼い主を試して、いろいろしかけてくるのが鳥です。

文鳥が見せるさまざまな顔

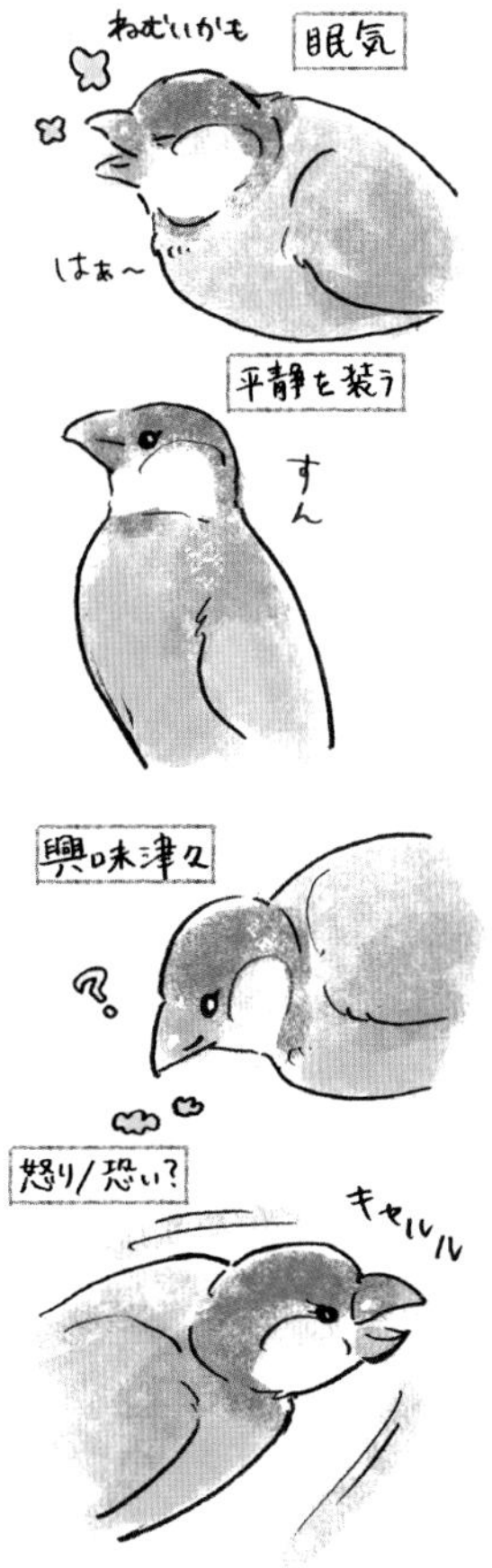

鳥の個性

十鳥十色

あることや、あるものに対し、人間がさまざまな反応を見せるように、文鳥やインコも、おなじ状況でおなじ反応をするとは限りません。

ホットな反応をしがちな種もいれば、クールに受けとめる種もいます。さらに、種の中でも個性の幅があるため、当然ながら、一羽一羽、反応はちがってきます。

たとえば、うれしさに対しては、文字どおり欣喜《きんき》雀躍《じゃくやく》する鳥もいれば、喜んではいるものの、強い反応を示さない鳥もいます。

しかし、そんなふうに態度にちがいが出たとしても、内心ではおなじくらいうれしいと感じているかもしれません。もしかしたら、静かに喜んでいる鳥のほうがうれしさが大きいかもしれません。確かめるすべがないので、両者の心のちがいはよくわかりません。

鳥はよく怒りますが、あまり怒らない鳥もまれにいます。一方で、ほかの鳥やものに八つ当たりをして心を鎮めようとする鳥もいます。こういう代償行動は、文鳥よりもインコに多く見られます。

生まれつき感情表現が大きい鳥

喜びと期待、インコのケース

総じてインコのほうが反応が大きく、感情がつかみやすいようです。
インコと暮らす人間とって、それもインコの魅力とされます。

もいれば、初めはあまり態度に出さなかったものの、飼い主との暮らしの中で表現を豊かにしていく鳥もいます。強い喜怒哀楽を示すことなく、生涯にわたって淡々と暮らす鳥もいます。十人十色ならぬ、十鳥十色なのです。

鳥がもつ個性の幅は人間とおなじくらい広いと考えてください。

成長して変化することも

心の奥にどんな個性をもっているのか、しばらく暮らしてみないとわかりません。また、鳥の心も、身体の成長とともに変化していきます。大人になったときに、物心がつく前とはちがう反応を見せる鳥もいます。

この子はこんなふうに反応するのかなど、迎えた鳥の個性をありのままに受けとめながら、いっしょに生きていってください。

成鳥になって人間と距離を置くようになる鳥もいますが、それも個性と認めてほしいです。距離を取るようになっても、実は嫌いになったわけではない鳥も多くいます。

性差もあるものの

鳥にももちろん性差があり、性格にも反映されます。が、雌雄で大きく性格が異なるように見えても、種にもよりますが、性格の幅はオスとメスでかなり重なり合っていて、オスの性格といわれる性質をもったメスもいれば、その逆もいます。

文鳥の場合、オスのほうがやや神経質で、メスのほうが度胸があるといわれますが、明確にすぱっと分かれるわけではありません。おおらかなオスもいます。

人間と同様、発現する性格も、親から受け継いだ遺伝子と、暮らしの中で獲得した気質の重ね合わせになります。

文鳥もインコも、ともに暮らす人間から、とても大きな影響を受けています。それは私たちが予想するより大きく、特にヒナから育てられた場合、鳥の性格にかなりの影響を与えていると考えられます。

性差のイメージ

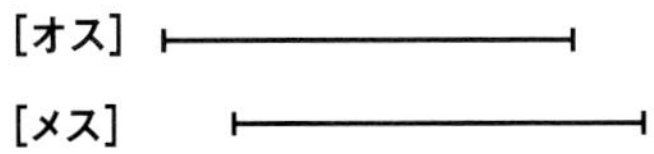

さまざまな点で性差はありますが、その性格分布は重なりも大きいと考えてください。

コラム

飛翔の着地点としての人間

着地点としての肩と頭

鳥が人間に向かって飛んできてまず止まる場所は、頭の上か肩がほとんどです。

ですが、なかには、眼鏡のツルに降りようとしたもののずれてしまい、それでもなんとか眼鏡に行こうと、顔面に飛びついたのち、爪を立てて駆け上がろうとしたり、逆にひたいのあたりからずり落ちた結果、顔に他人に説明することが困難なミミズ腫れが残ることもあります。

肩に比べて着地点が広く見える頭は、正確な着地に自信のない鳥でも降りやすいようです。

そこを特別な止まり台として、人間よりも高い位置から世界（部屋）を見わたしたいという思いから、ピンポイントで頭頂に降りてくる鳥もいます。

なお、体の軽い文鳥の場合、「服にしがみつく」という予想外の選択肢を選ぶものもいます。

落ち着く場所としての肩と頭

いっしょに暮らしたインコの多くは、肩の上にいることが圧倒的に長く、メスは髪を梳いてくれたり、髪の中にもぐりこんだりしました。なにをすることもなく、ただ肩の上に一時間以上滞在していた鳥もいました。

文鳥やインコが頭や肩に飛んでくる理由は幅広く、それぞれの鳥にとってそこを目指す理由や、そこに留まりたい理由もさまざまなうえ、各々の「こだわり」もあるようですので、この点については次章であらためて解説したいと思います。

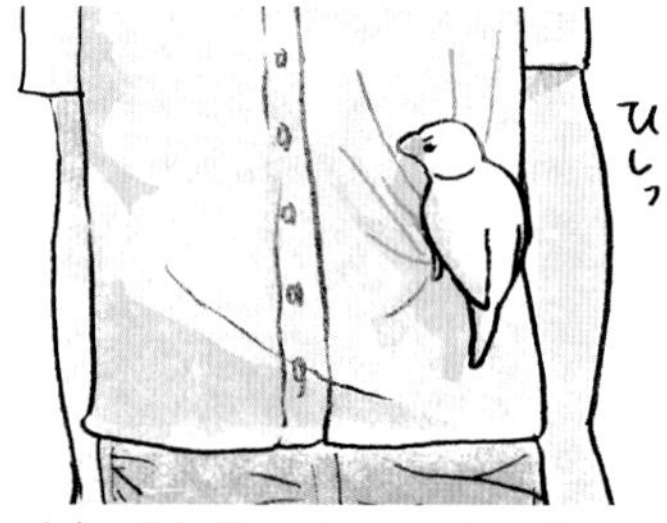

身の軽い文鳥の場合、服にしがみついて止まる様子もよく見られます。手に止まりたいのに手を差しのべてもらえなかったときなども、服に止まったりします。

立ち直りが早い文鳥

死による離別のストレス

生物として避けて通ることのできない死。

ともに暮らす鳥を失った人間が強い悲しみに襲われるのはもちろんですが、ただ一羽のパートナーとして暮らしていた相手や、親しい兄弟・姉妹として、生まれた直後から長くいっしょにいた相手を失うことは、鳥にとっても大きなダメージです。

生きていくための気力を失い、大きく免疫を下げてしまう鳥もいます。死による離別が、大きなストレスとなって心と体を蝕んでいく例は、これまでにもたくさんありました。大切に思っていた人間を失って酷く落ち込む鳥もいます。

文鳥はあまり落ち込まない？

こうしたケースでもっとも深刻なダメージを受けるのは、オカメインコです。高齢の場合や、体力も落ちている状況では、数カ月で後追い的に亡くなってしまうケースも少なからずあります。

オカメインコでは、立ち直るのに、生命力や元気を分け与えてくれる同種や、飼い主の精神的な強いサポートが本当に不可欠です。

逆に、立ち直りが早いのは文鳥といわれます。もちろん文鳥も大切な相手を失ったダメージはあります。しかし、強い生存本能をもっている文鳥は、もういないという事実を受けとめたのちは、比較的短時間で立ち直り、大きく体調を崩すような例は少ないようです。

つがい相手の死も含めて、仲間の死に強くこだわるような意識で生きてこなかった野生の文鳥。素早く切り替えることこそが文鳥の生存戦略であり、それが遺伝子に強く刻まれています。

ただそれは、オカメインコが繊細で（もちろんそれも事実ではありますが）、文鳥が鈍感ということではないと理解してください。

歌や言葉はだれのため？

文鳥がもっている能力

文鳥は鳴禽です。オスは恋の歌をおぼえて縄張りを主張し、メスに求愛します。

種ごとに独自の歌をもつ鳴禽の優れているところは、音（歌）の記憶力です。

文鳥など鳴禽のヒナは、誕生から数週間でまだ体ができあがっていなくて、物心もついていない時期でもあっても、脳の音楽にかかわる部分は完成しつつあり、大人の歌を積極的に聴いています。

文鳥の幼鳥は、耳に届いた大人の歌を、音程、抑揚、フレーズ、音質にいたるまで完璧に記憶します。もちろん、ただ一回聴いただけでおぼえられるものではなく、何度か聴くことで記憶の完全性を上げていきます。

身のまわりにいる、さえずりが聞ける大人の鳥は第一に父親です。複数のつがいが飼育されているなら、父親の兄弟や、外から連れてこられた同種のさえずりも聞くことがあるでしょう。ヒナは、そうしたさえずりをおぼえます。

鳴禽たちのもう一点、優れたところは、聴いておぼえた大人のさえずりを自在に、聴いたままに思い出すことができることです。

私たちも聞きおぼえた曲について、「頭の中で音楽が鳴っている」と表現することがありますが、文鳥の頭の中でも、そうしたことが起こっています。それも、人間よりも、ずっと完璧に。

オスとおなじくらい完璧に記憶されているのかどうか調べること

まだヒナですが、大人の歌を聴いておぼえる努力をしています。
仮にメスでも、やはり聴いておぼえていきます。

は容易ではないためわかりませんが、メスの幼鳥の脳の中にも父親の歌は記憶されていきます。

オスの場合、自身の歌の手本とするために記憶するのですが、メスの場合、自分にとって「よい歌」の「基準」とするべく記憶しているようです。

自身に向かってうたわれたとき、自分にとって耳触りがよく、優れていると感じられる歌の基準になると考えられています。

セキセイインコの言葉の秘密

インコの中でも、セキセイインコはかなり特殊な鳥といえます。人間が話す長い物語、飼い主の住所や電話番号など、予想外の長い文章をおぼえるものもいます。

人間の言葉をおぼえるのは、その家の人間をふくめたメンバーを「群れ」と認識していて、人間の言葉を共通言語だと認識するためです。

群れの仲間はおなじ声で伝えあう、という意識があるため、積極的に群れの一員でありたいと願うセキセイインコは、家庭という小さな群れの共通語と理解した人間の言葉をおぼえる努力をします。おぼえること、話すことが楽しいということも、もちろんあります。

インコはかなり調子に乗る生き物なので、おぼえた人間の言葉を話してみて、それを人間が喜ぶと、自分もうれしくなってさらにおぼえて披露しようとします。

それは気持ちのうえでも正の循環となって、その家でセキセイインコの言葉を聞く機会がどんどん増えていくことになります。

優れた鳴管が、セキセイインコの話す力を支えます。

伴侶とのつきあいにも大事

もともとセキセイインコのオスは、気になったメスの声の質や発声をおぼえ、真似た声で話しかける習性がありました。

自分の声を上手に真似るオスに気持ちが向く傾向がセキセイインコのメスにはあったからです。

タンチョウのつがいの鳴き交わしダンスなど、多くの鳥がさまざまなシンクロで愛情を深めていくことが知られていますが、セキセイの場合は、2羽が同じ声で話すことで絆が深まります。

そのために自身の鳴管を鍛えてきた歴史があり、それが今のセキセイインコをつくりあげています。

女子にかっこいい自分を見せたい男子

文鳥とセキセイインコのオスの心に共通するのが、「女子にかっこいい自分を見せたい」です。

ただ、そのやり方がちがいます。文鳥の場合は、ステキな女子に出会う日のために、若いときから自分を磨いてカンペキな歌を身につける努力をします。とにかく、自分を好いてくれる彼女がほしいのでがんばってみる男の子の気持ちに近いものです。

セキセイインコの場合は、がんばれば、ヒナの時期を過ぎても自身の鳴管を鍛えて希望どおりの声がつくれることを知っているので、まず出会いを待ちます。出会いこそが重要だからです。

ステキな女子に出会ったら、その女子の声の質や声の出し方を真似ます。挙動を真似ることもあるようです。そうした行為が求愛につながります。

ときに、伴侶にしたいセキセイ女子に出会う前に好きな人間に出会ってしまい、人間の言葉をおぼえてしまうこともあります。

それでも、そのあとで「この子」という相手に巡りあったセキセイ男子は、人間とセキセイ女子の両方にもてるように最大限の努力をします。もちろん、鳥として、それもありです。

声をかけられて感じること

それは安心感

文鳥はもちろん、オカメインコやセキセイインコほかのインコたちも群れの鳥です。群れの規模はさまざまですが、仲間の存在を感じることは群れで生きていくうえで、とても重要なことです。

鳥は、目と耳でたがいを認識します。群れの中で親しい相手はごく一部ですが、耳に届いた群れの中のほかの鳥の声も、確かな安心感をその鳥の胸に届けます。

家庭は、その鳥にとって小さな群れ。自分自身と人間しかいなくても、確かに同胞です。なので、朝起きたときにちゃんと声をかけられると安心感をおぼえます。人間がかける「おはよう」は、仲間からのコールと同様のもの。聞けば、ほっとします。

ですから、朝起こすときには、しっかり声をかけてあげてください。それがその鳥にとっての暮らしの活力になります。

文鳥は人の言葉を話しませんが、それでも自分に向けられた声は認識していて、「おはよう」が一日の始まりであり、自分に向けられた群れの仲間の挨拶とわかります。

平安時代から、くちびると前歯を使って「チュッチュッ」と鳥の声にも似た声を出すことを、「ネズ鳴き（ネズミの鳴く声に似せた声）」と呼び、野鳥・飼鳥に対する合図としても使われてきました。

その方法を使うと、鳥たちの声に近い音質と周波数の音を出すことができるからです。

そうした音を聞かせるのも、人間が気持ちを伝えるよい信号になります。

メスに近い声を出すことが愛情表現であるセキセイインコはもちろん、ほかの鳥でも、よい呼びかけとなります。

人間を観察する理由

人間のことを確かめたい気持ち

文鳥もインコたちも、ともに暮らす人間のことをよく観察しています。ただ見るだけでなく、「チュ」「ピャ」などと声をかけて反応を見ていることもあります。

呼び鳴きというわけではなく、ただどこでなにをしているのか知るために声をかけてくることもあります。人間が立てる音に耳を澄ませて、していることを脳裏にイメージすることもあるようです。

返ってきた返事や物音から、どこでなにをしているのか知って、過去の状況と比較することで、人間がこの先、なにをするのかおおよその予測ができます。人との暮らしに慣れた鳥たちの多くが、こうしたことを日常的にしています。

なお、呼びかけて返ってきた返事や物音(乱暴か静かかなど)から、人間の心の状態を知ろうとする鳥もいます。

3つの理由

人間を観察する理由のいちばんは、なにをしているのか知りたい、です。楽しそうだったり、自分も参加できるものとわかれば、いっしょに遊びたいという気持ちにもなります。

もちろん、自分以外の鳥と遊んでいないよね？　という嫉妬の気持ちから、声や羽音から、ほかの鳥がケージ外に出ている気配も探ります。

第二の理由としては、「外出の気配」を探るでしょうか。こちらは物音よりも服装がヒントになります。明らかに部屋着でないとわ

かると少し警戒します。というのも、好きな人間が外出すると、そのあいだはかまってもらえないことが確定してしまうので、それがいやという気持ちもあります。

飼い主の気持ちを知りたいというのが、理由、その3です。人間の気持ち、感情に敏感になれば、もっと仲よくなって、自身の心地よさを増やせると考える鳥もいます。

人間の感情を読み取るエキスパートになれば、もっとよくしてもらえるはず、もっと好きになってもらえるはず、という思惑もあります。

でも、実はそんなことなど考えたりせず、好きな相手（人間）のことをただ、もっと知りたい。単純に、なんの駆け引きもなく、ただそう思っている鳥が、もしかしたらいちばん多いのかもしれません。

鳥たちの観察ポイント

気持ち・感情を読み取るために、そんな鳥たちが見ているポイント、耳をそばだてて聞いているポイントは、以下のような点です。

【鳥たちの人間観察ポイント】

・顔、特に目
（感情がそこに見えます）
・挙動、動く速度
（急いでいる、焦っているなど、わかります）
・声（顔に出ない感情がわかります）
・足音（意外と心が反映されます）
・服装
（これからの行動が予測できます）

服装を見て、出かけるかどうか知る鳥も多くいます。

文鳥はうれしいことを増やしたい

安心したい

人間のもとで暮らす鳥は、なにも心配する必要のない、安定した暮らしを実感したときから、「この暮らしが変わらず続くこと」をただ信じています。

変化しないことを願うというより、その暮らし以外の生活を考えていません。

文鳥もセキセイインコたちも、未来を想像したりはしないので、体調が悪くなることや老化について意識することもありません。

なにかあったら、そのときにできることをするのが鳥。だからこそ、その体に「なにか」の徴候を見た飼い主は、考えない鳥にかわって未来を予想し、対応する義務があるわけです。

楽しいことはうれしいこと

手の中にもぐりこんでまったりする文鳥。「握り文鳥」という言葉も生まれます。

好きな人と密着することで文鳥は幸福を感じます。オカメインコが好きな人の手にコツンと頭をおしつけて「なでて」といってくることにも共通します。

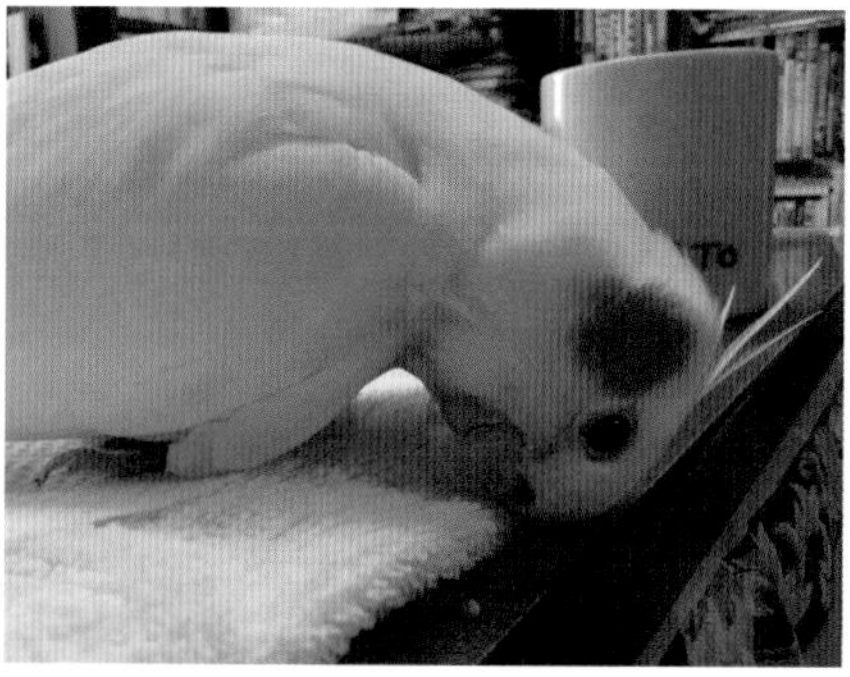

オカメインコの「なでて」というしぐさ。

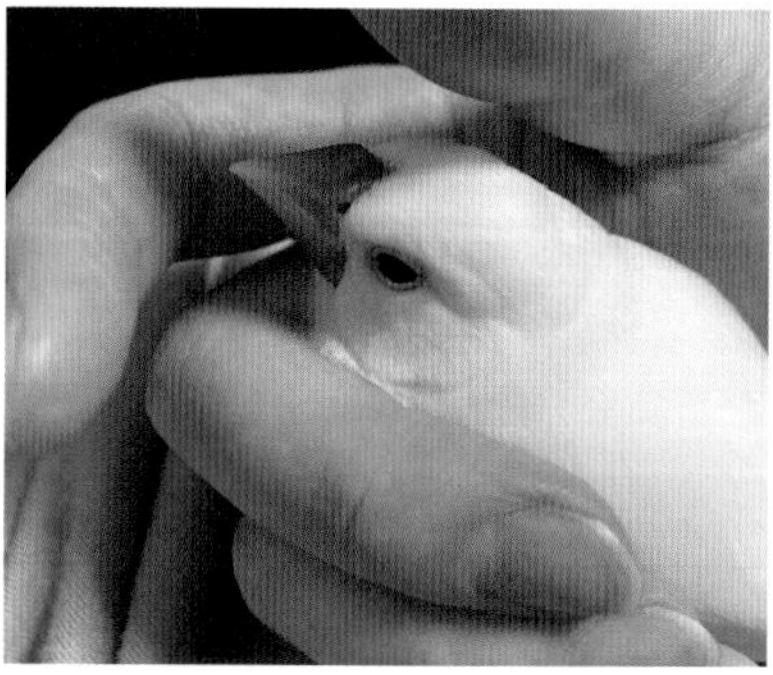

握り文鳥。

握られていたり、なでてもらっているとき鳥は幸福です。その脳では幸福ホルモンのオキシトシンが分泌されています。もちろん、握ったりなでたりしている人間の脳でも、おなじホルモンが分泌されています。幸福は循環します。

今の暮らしが変わらず続くことを祈る鳥たちですが、実はひとつだけ小さな「欲望」を胸に秘めています。それは、「幸福感が増えるのは歓迎」ということ。

それは人間でも思うこと。「大好きな相手と過ごす、この幸せがいつまでも続きますように」という願いです。

たくさん幸せを感じられる暮らしを、文鳥もインコも暗に願っています。

好きな相手に、たくさん声をかけてもらえるようになること。たくさんなでてもらうこと。

極端な呼び鳴きや、つきまといは、その気持ちの延長にあるものです。問題行動といわれることもありますが、その鳥の心を動かしているのは、ほかの鳥がもつ気持ちとおなじものです。

本来ストップがかけられるはずのところで止まっていないだけ。少しだけ、行き過ぎた状況にあるだけです。

どうしたらもっと幸せを感じられるのか。人間が大好きでふれあいをたくさんもちたい鳥は、どうすればたくさん声をかけてもらえるのか、なでてもらえるのか、体温が伝わってくるのか、頭ではなく「心」で考えます。

あえて試行錯誤をする鳥もいますが、多くは現状維持をしながら、より深く愛情が向けられる方法を、心の片隅で模索しています。

なでられたりするのではなく、好きな人の指や肩にいることが幸せな鳥もいて、できるだけそうした状況が続くことを心に祈っています。

怖いもの、いやなもの

本能的な恐怖

ヘビに対する恐怖が人間の遺伝子に刻まれているように、文鳥やセキセイインコ、オカメインコたちの脳には、猛禽やカラスなど、襲ってくる可能性のある大型鳥に対する恐怖が刻まれています。

日光浴の際などに、カラスが頭上を飛翔する姿を見た文鳥やインコが、生まれて初めて見たにもかかわらず、悲鳴をあげてケージの中で大暴れすることがあります。パニックに陥る姿からも、そうとうな恐怖であることがわかります。

そうした相手は何年経っても慣れることはなく、カラスもトビも生涯、恐怖の対象であり続けます。実はこうした本能的な恐怖は、種の生存、存続のために重要なものであることがわかっています。

自分を襲う可能性のある大型鳥に対する恐怖は遺伝子に刻まれています。

追いかけないで、と思う鳥

家庭で暮らす鳥にとって「イヤな状況」は、多くの場合、人間がつくりだしています。

たとえば放鳥後、どうしてもケージに帰ってくれないときなど、追いかけてしまうことがあるかもしれません。なかなかつかまらないことに少し苛立ちながら、急ぎ足で追うかもしれません。

遊びの延長として追いかけてしまうこともあるでしょう。でも、追いかけられることを「怖い」と思った瞬間、鳥にとってそれは遊びではなくなります。けっして好ましいことではありません。

そうした行動は、小さな鳥の心に本能的な恐怖を呼びさまします。追いかけてくる相手というのは、野生では基本的に捕食者だからです。

飛行能力の高いオカメインコなどは、追いかけられても人間の手が届かない食器棚の上などに行って、勝ち誇ったように人間を見下ろしたりします。が、多くの文鳥は人間が届く高さを飛ぶので、それができません。

よく馴れた文鳥は人間を信頼し、人間の近くにいて、あまり帰宅拒否もしないので、そうそう追いかけられることはありません。

しかし、まだ十分に人との暮らしに慣れていなくて、人間を判断する途中にあった場合など、追いかけられたことがきっかけとなって、人間と距離を置くようになるケースもあります。気をつけたいところです。

文鳥は尖ったものが嫌い

文鳥にとって身のまわりにある「尖ったもの」の代表は、仲間や他種のクチバシの先端です。想定される最悪のケースが捕食者のクチバシであることから、「尖ったものが向けられる状況」を攻撃や捕食の前触れとも解釈します。

尖ったクチバシをもつ鳥が、そのクチバシを使ってどう攻撃してくるのか、文鳥の中には明確なイメージがあります。それが脳裏に浮かぶので、「イヤ」と感じるようです。

ただし、飛んで逃げるなど、回避のパターンは頭の中に複数もっているため、尖ったものを向けら

走って追いかけたり、尖ったものを文鳥に向けたしないでください。

れることはいやだし腹も立つけれど、家庭の中においては、「ものすごい恐怖」という感じでは、どうやらないようです。

なお、若い文鳥がセキセイインコやオカメインコに攻撃をしかけるのは、相手が突つく鳥ではなく咬む鳥であることを、具体的にイメージできていないことも影響していると考えることができます。

相手が咬む鳥であることをはっきり理解し、咬まれると突つかれたときよりも痛いだけでなく、大きなケガをする可能性があることを知ると、少し攻撃は減ります。

いやな人、嫌いな人

鳥にとって「イヤ」と感じる人間は2つ、タイプがあります。

まず第一に、直感的に「この人はダメ。合わない」と感じた人。

はっきり言って、その基準はよくわかりません。その鳥の中では明確な基準があるのでしょうが、理解できないこともしばしば。

基本ファッションがパンクロック系で、服には金属のチェーン、メイクも派手で、ネイルの色も濃いなど、本来なら鳥に忌避《きひ》されているはずの人を好き、問題ないという鳥もいます。逆に、ごくごくふつうの人に見えても、蛇蝎《だかつ》のように嫌われる人もいます。

はっきりした理由もなく、家の鳥に嫌われてしまうこともないわけではない、ということです。

鳥にとって「イヤな人」とはっきりわかるのが、鳥がいやと思うことを平気でしてくる人、鳥が好きすぎて、鳥の気持ちなど無視して、近寄ったり触れたがったりする人。つまるところ、空気の読めない人です。ちなみにネコも、このタイプの人間が嫌いです。

インコの場合、声の質的に女性が好まれ、低音の魅力が特徴の声の低い男性はあまり好まれない傾向があります。

人間の背の大小については、セキセイインコやオカメインコほかで、あまりこだわりはみられませんが、常に大声で話す男性を忌避する傾向もあります。タイハクなどの大型オウムでは、背の高い大柄の男性を嫌う個体もいます。

文鳥では、着ている服によって寄ってこなくなることがありますが、インコやオウムは人間をもとに総合判断するので、いつもの人が変わった服を着ているとわかれば、態度はふつうに戻ります。

多くの鳥は、声が大きい人が苦手です。大声を威嚇と感じることもあります。

鳥の気持ちを考えず、なでたい触りたいと手を伸ばすのはNG。

いやなものにも個性がでます

文鳥がどんなものを怖い、イヤと感じるか、取材もしました。

赤などの原色系の服を怖がる。「怖い色がある」という話をたくさん聞きました。が、その色の服を着ていた人との経験などから生まれた好き嫌いというかんじも強いようで、幼い頃からさまざまなタイプと色の服を見て育った文鳥やインコでは、特定の色を嫌ったり、怖がったりすることはありませんでした。

筆者と暮らす文鳥もオカメインコも、色もデザインもまったく気にしません。

ただ、ここにも個性があって、赤い服、黒い服、青い服、ひらひらが多い派手な服、原色系の大柄なプリントが目立つワンピースなどを嫌ったり、怖がったりする文鳥は確かにいます。

成長過程で刷り込まれた「好・嫌」は、のちのちまで残り、一部の鳥にはストレス源にもなるようですので、どうしてもダメな色や柄は見せないようにすることも必要です。

怖いものもストレスに

免疫を下げるストレス

　遊んでほしいおもちゃをケージに入れ、しばらく様子を見ることもあるかと思います。ただ、文鳥にとってそれが絶対に受け入れられないものであった場合、ストレスにもなります。こうしたストレスも鳥の免疫力を下げるので、気をつける必要があります。

　とはいえ一般に、ストレス耐性はインコ目に比べて文鳥のほうが高く、トラウマになったり、病気の引き金になる例は少ないと考えられています。小さな見かけよりも、ずっとたくましい鳥です。

　それでも、怖いもの、いやなものがずっと見えているのはNG。慣れそうにないものは見えないところに置いて、心静かな暮らしをさせてあげてください。

　なお、文鳥ではあまり報告がありませんが、鳥をデフォルメしたおもちゃや、鳥がプリントされた紙や布の「鳥の顔」や「鳥の目」を怖いと感じるものもいます。

恐怖のもとを除くこと

　団扇や扇子を動かすことが大きな鳥の羽ばたきに見えて、絶叫するほどの恐怖に襲われる鳥もいます。放鳥中にそれを見ただけで、酷いパニックになって窓ガラスに激突するような事故が起こることもあります。

　ともに暮らす鳥たちそれぞれが「怖い」と感じるものを十分に知ったうえで、恐怖を感じさせない暮らしをさせてあげてください。

ものかげに逃げ込むオカメインコ。

CHAPTER

3

鳥たちの生活のこだわり

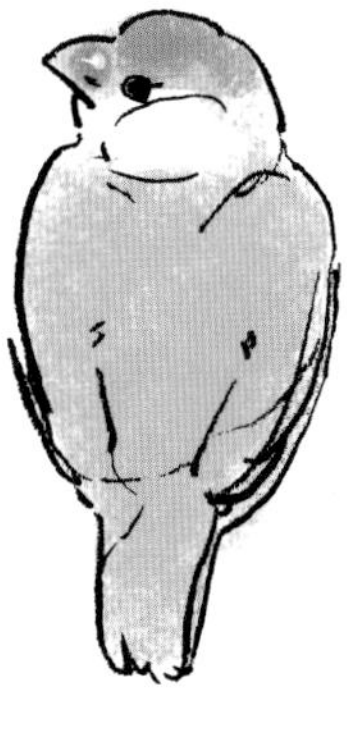

とまり木にこだわる生活

とまり木がないと困る

老鳥になったときや、病気やケガでケージ内のとまり木の移動に支障が出るようになったとき、文鳥とインコで大きく変わる対応が「足元」です。

指のトラブルなどでとまり木に上がれなくなったインコやオウムの多くは、数日でその状況を受け入れ、床での暮らし、とまり木のない生活にも馴染んでいきます。

一方で文鳥は、そんな状態になっても足元にとまり木があることを望みます。平らな床暮らしを拒否したい鳥も少なくありません。

それは「こだわり」というより、「ないと落ち着かない」という心理です。ほかに選択肢がない状況であっても、「とまり木を取る」という飼い主の選択を受け入れたくない、という主張にも見えます。足下に「つかむもの」の感触がないと、文鳥の心には大きな不安が生じるようです。

もともとインコやオウムは地上で採餌することも多く、長い時間地上にいることや、そこを歩くことに、あまり抵抗がありません。

一方、文鳥も食事などのために地上に降りることはあるものの、滞在時間は総じて短く、用事が済むと、ただちに木の枝などに移動しています。無駄に長く、地上にはいません。

害鳥と呼ばれた由縁も、そうしたところにあるようです。実った農作物は文鳥にとって確実な食料であり、美味しく、地上に降りる必要のないもの。直接、穂にしがみついてついばんだりしました。

体が軽いので、穂はあまりしなりません。上手に食べられます。

さらに、穂に実る作物は少し高い位置にあり、捕食者や人間の姿を見つけたら即座に飛んで逃げられるというメリットもありました。

床に直置きでも、とまり木をください

老化などで文鳥の生活のバリアフリー化を検討するとき、最初に考えるのが、足元からの「メンタルケア」です。ケージの低い位置に置いたとまり木にも上がれなくなったら、ケージの床に直置きを考えます。プラケースで暮らすようになった場合も同様です。

文鳥の心の健康は、飼い主が寄り添うことに加えて、足の裏にとまり木かそれに相当するものを置く（つくる）ことが基本となります。それがあるだけで、さまざまな不都合からくる心身のストレスを乗り越える力になるからです。

まだ巣の中にいるヒナにはとまり木は不要ですが、自分でご飯が食べられるようになる頃には、親と同様、とまり木を必要とするようになります。

ブリーダー宅などから、一人餌になったヒナを自宅に連れて帰る際、粟穂もセットで引き渡されることがあります。

ヒナが粟穂の上にとまり木のように乗ることで、移動のストレスを少しだけ減らすことができるアイデアです。

お腹がすけばそれをついばむこともできるので、少し長い移動にも向いています。

幼くても、文鳥は文鳥!

とまり木の移動

とまり木移動のこだわり

文鳥は、ケージの中のちょっとした移動でも羽ばたいています。短い風切羽は、狭い空間でも安全な飛行が可能。身軽な文鳥は、水平、垂直、ほんの数センチメートルの移動も自在です。

ボタンインコやコザクラインコでも、軽い羽ばたきでとまり木を移動する様子が見られます。

一方、翼が長いオカメインコなどは、本気で羽ばたくとケージのどこかに翼をぶつけかねません。ケガはしたくないということもあり、十分な広さのないケージでは、足とクチバシを使い、網を伝うようにしてケージ内を上下に移動しています。

ただし、距離感のつかみ方が上手い鳥は、羽ばたくことなく脚力を使ってポンポンと、とまり木を移動する様子も見られます。

力加減など、一度、ジャンプのやり方をつかんでしまえば簡単なようで、容易に移動できることから多用する鳥もいます。セキセイインコには勘のよい鳥も多く、こうした移動をよく見ます。

一方で、臆病な鳥、思い切りの悪い鳥は、トライしようとはするものの、結局あきらめてやめてしまうこともあります。臆病というわけではなくても、自身の主義としてケージの壁移動にこだわる鳥もいます。

なお、その鳥が家に迎えられた際、ポンポンと身軽にとまり木移動していた先住鳥がいた場合、その影響で「自分も！」と思うこともあるようです。

身軽なオカメインコはポンポンととまり木を移動。下への移動は羽ばたきなし。上への移動は一回のみ羽ばたく、などで移動しています。

鳥にとって不可欠な水浴び

水浴びの頻度はスズメ目に軍配？

インコと文鳥、生活習慣で大きくちがってくるのは「水浴び」と思う人も多いかもしれません。

スズメ目の鳥の、「身をきれいにすることへのこだわり」は強く、ことに文鳥やジュウシマツの中には、ケージ内の水を替えるたびにそこに飛び込むものもいます。結果、一日に3回以上、水を浴びる鳥も――。水が冷たい真冬も、もちろん浴びています。

カラスの行水という言葉もありますが、カラスも羽毛の汚れを洗い流すことにはかなり気をつかっていて、公園の人工の池などで、丹念に水浴びをする姿を見ることがあります。

スズメ目の水浴びはとにかく丁寧で、風切羽の隅々まで水を浸らせ、頭や背中にも翼で十分に水を飛ばして行き渡らせます。

目の細かい羽毛は多くの水を吸うため、水浴び後、それを丁寧に振るって水を弾き飛ばし、残った水分と汚れを一掃しています。

インコやオウムは、それぞれが納得する「きれい」のレベルに大きな差があるようで、文鳥のように丁寧に水を浴びるものから、足を水に漬けるだけ、おなかを漬けるだけで満足するものもいます。

20年以上の寿命をもつオカメインコでは、その生涯において数回しか水浴びをしなかった例もあります。

水が貴重な乾燥地帯では、水は飲み物であって、毎日体を洗うなんてありえないと考える鳥もいるのかもしれません。オカメインコ

の場合、大量に出る脂粉《しふん》を尾脂腺《びしせん》から出る脂とともに全身の羽毛にまぶし、その脂粉を振るい落とすだけで基本的な汚れは落ちます。つまり、水浴びをしなくても暮らしていける体をしています。

が、そうした特殊な体であるがゆえに、水浴びをしたがる鳥もいます。筆者宅にもいました。

とにかく脂粉が多いことがいやなようで、毎日せっせと水浴びをしていました。水浴び後、専用のお皿の水面には、白い脂粉の膜が浮いていました。

インコは水浴びが嫌い、ではない

本書でも、ことあるたびに「個性」を強調していますが、インコたちの水浴びも、頻度やその方法に個性が出ます。また、これでいくと決めた方法を頑なに守る鳥も多く見かけます。

重ねて言いますが、オカメインコ、セキセイインコ、ラブバードたちの中にも水浴びが大好きで、週に数回〜毎日する鳥もいます。水浴び大好きは、スズメ目だけではないということです。

販売されているバードバス、お気に入りのお皿など、水浴びに使う容器もいろいろ。水が張ってあればなんでもかまわないという豪傑もいます。

方法も千差万別で、張られた水でしたい鳥もいれば、流れる水でしたい鳥もいます。文鳥ではあまりないことと思いますが、水に入るのでなく、霧吹きでかけてほしいと要求する鳥もいます。

沐浴ではなく、ミストを浴びたい鳥もいます。

人の手の中は格別の幸せ？

人間の手の中で水浴びをしたい鳥もいます。これも、その鳥のこだわりであり、その鳥にとっての「作法」でもあるようです。もしかしたらそのとき、ほかの方法でする水浴び以上の幸福を感じているのかもしれません。

キッチンで洗い物をしていると

きに飛んできて、「洗っているものを置け。両手をお椀のようにして内に水を溜めろ。水は流したまま」と要求。その手の中に飛び込んで水浴びをすることを習慣にする鳥もいます。文鳥でも、インコでもいます。うちにもいました。

こだわりついでの余談ですが、うちの文鳥は、上に飛散防止のカバーがある、ケージにセットするタイプのバードバスは拒否します。が、ただ、それを外にポンと置いておくと、嬉々として水を浴びます。水浴びは、天がおおわれていないオープンな容器で、盛大に水を飛び散らせながらするのが醍醐味と思っているようです。

床にビニールを広げるなどの準備に手間がかかり、少し、困っていますが、本人の気持ちに沿うようにしてあげたいと思います。

水浴びの要求

水浴びがしたいのにその用意がされていないとき、急に水浴びがしたくなったとき、ずっと水浴びの準備ができるのを待っているのに飼い主が気づいてくれないときなど、文鳥もインコも、わざと気を引くそぶりで水浴びを要求することがあります。

手のひらでの水浴びにこだわる鳥もいます。うちのオカメ、セキセイにもいました。もちろん文鳥にも。

まず文鳥ですが、水浴び後、丁寧に濡れた羽毛を乾かすときとまったくおなじしぐさをして、「ほら、水浴びさせなよ！」と要求する鳥がいます。

インコ類では水浴びの際、まずクチバシを水に入れ、水面をこするようにして水を飛ばし、自分にかけることから始めるパターンも多いのですが、飼い主が見ていることを確認しつつ、クチバシで容器の飲み水を飛ばしてみたり。

上から水滴が落ちてきたとき、翼を広げて受けとめるのとおなじ動きをして、「水浴びがしたい気分」であることを暗に（実際に無言のまま）、伝えてくるケースもあります。

飛ぶこと、歩くこと

飛ぶことのメリット

飛ぶ、ということに特化した体をもつ鳥にとって、「飛ぶこと」は、鳥としてのアイデンティティそのものでもあります。

野生では、飛ぶことで食べ物や水の捜索範囲が広がります。餌場や水場の位置を熟知していれば、最短の時間でその場に到達することもできます。翼は生活効率化のためのアイテムでもあります。

敵の姿が見えた場合も、素早く飛んで逃げることができます。発見さえ早ければ、地上の敵は問題になりません。なので、おなじく空を飛ぶ猛禽にさえ気をつけていれば、無事を確保するのはそう難しいことではないわけです。

鳥は飛ぶことを常に意識して暮らしていますが、だからといっていつも飛びたいわけではありません。飛ぶにはエネルギーがいります。長時間の飛行には、それに見合った食べ物が必要になります。

そのため野生の鳥は、飛ぶときは飛ぶが休むときは休むという、メリハリをつけた生活をしています。文鳥もそうですし、オカメインコやセキセイインコ、ボタンインコなども、もちろんそうです。

野生でも家庭の中でも、鳥は飛ぶ必要があるときのみ飛びます。鳥と暮らす人は、よく知っていることでしょう。

食べ物があって安全が保証される家庭では、飛ぶ必要は激減します。あまり飛ばなくなります。

文鳥と暮らす人は、「飛ぶ必要がある」という垣根は、文鳥ではとても低いということを知っています。移動を考えたとき、文鳥の

第一手段は飛翔です。それでも長くは飛びません。飛んだとしても、無駄な飛翔はしていません。

文鳥は基本的に飛ぶ

おなじスズメ目でも、日本のセグロセキレイやハクセキレイはよく地上にいて、とても速く走り回っています。スズメも、ときどき地上に降りて、ホッピングしながら食べ物を探したりします。

文鳥も地上にいるときは、両足を揃えてジャンプしながら前に進むホッピングします。ただし、あまり長くは留まりません。必要なときだけ降りて、あとは飛んで、木の枝などに戻るイメージです。

一方、インコやオウムは基本的に片足ずつ前に出すウォーキングで、一歩ずつ歩いていきます。小走りになると意外に速く、足の速い種は、セグロセキレイに近い速度で部屋を駆け抜けていきます。

なお、インコ・オウム類は、前方になにか怖いものを見つけた際に、「あとずさる」こともできます。その対象から目をそらすことなく距離を広げたい場合など、ゆっくり後退する姿を見ます。

ホッピングで移動するタイプの鳥はこれが苦手なので、前方に怖いものを見つけたときなどは、その瞬間に飛び立ちます。まず逃げ、十分な距離を置いて、その対象の正体を確かめたりします。

地上でコミュニケーション

家庭内でのちょっとした移動の

文鳥とインコの歩き方のちがい。文鳥はホッピングしますが、インコやオウムは左右の足を一歩ずつ前に出して歩きます。対象から目をはなさずに、あとずさることも可能。実は文鳥も、数歩ならウォーキングであとずさりすることができます。

際、インコやオウムは歩き、文鳥は飛びますが、そうした行動も野生での行動がベースにあります。

インコ類は地上で採餌をすることも多く、地上に降りてあちこち歩きながら食べ物を探したりします。群れの鳥の行動を見て、食べ物の多い場所を知ったりします（そこに駆け寄ったりもします）。

敵がいないと思われる環境では、多少の緊張感を残しつつ、地上でまったりした時間を過ごしていることもあります。そうした習慣が家庭でも発揮されています。

ただ、その顔を見ると、「飛ぶと疲れるから歩く」と書いてあるように見えることも――。もともとの習性に加え、横着であるがゆえに、飛ばない鳥も確かにいます。

インコたちは、床やテーブルの上を歩きながら、食べるものや遊べるものを探します。そこで同種や異種の仲のよい鳥たちと、いっしょに遊ぶこともしばしば。

仲のよい相手とは「つるむ」という形容がふさわしいかんじで、連れ立ってどこかに行ったり、人から見えない場所で、いっしょになってなにかをかじっていたり。ヤンチャな人間の「学生」のように見えることもあります。

気難しい個体の場合、インコでも複数で遊んだりはしないのですが、そうでなければ親しい仲間とからみ、おなじことをしたり、いっしょにいたずらするなどして親交を深めています。

実は、こうしたタイプのコミュニケーションは、インコやオウムにとっては不可欠なもので、接触が不足すると精神的にまいってしまうこともあります。飛びながらでは十分なコミュニケーションが取れないので、地上を歩いたり、本棚の上など、高い場所に集まってまったりするわけです。

文鳥の場合、本当に仲のよい相手でないとケンカになってしまうので、インコほどは群れて遊ばない印象があります。

仲のいい鳥たちと地上で遊ぶのも、インコの重要なコミュニケーションです。

コラム

がんばればできるよ。ホバリング

ホバリングは疲れる？

ホバリングといえばハチドリ。わずか数グラムから10グラムほどの彼らは、翼を上手に8の字運動させることで、ぴったり空中停止して、花蜜を吸っています。綺麗に空中に止まっています。

　ハヤブサ科のチョウゲンボウの空中停止もよく知られています。こちらは、翼に受けた風を上手く揚力（浮き上がる力）に変え、重力を相殺して空中の同じ位置に留まるなど、「凧《たこ》」の原理に近い方法もとります。

　文鳥は、興味はあるけれど直接触れるのは少し怖いものの上空に留まって観察をしていることがあります。本当にここに着地してもいいのかなと迷っているときも同様です。そのとき文鳥の脳は、特定の位置に留まることができるよう、翼を上手くコントロールしています。体が軽く、制御がしやすい翼をもつがゆえの力です。

　インコにホバリングの能力があることはほとんど知られていませんが、微妙な飛翔コントロール能力をもった一部の個体には可能です。

　能力に加え、少し離れた上空から触れることなく対象を見たい、観察したいという好奇心があったり、本当にそこに着地していいか、短時間だけ中空に留まって判断したいと思うだけの慎重さをもった個体のみがそれをします。

　セキセイインコやラブバードよりも重いにもかかわらず、オカメインコの中の軽量級の鳥も、ときおりホバリングを見せてくれます。ただ、ふつうに飛ぶよりも疲れるようで、長時間はしません。ほとんどが10秒以下です。それでも、それだけの時間があれば判断には十分です。

文鳥はクラシック音楽が好き？

「さえずり」の基準

文鳥は父親など、身近なオスのさえずりをもとに、自身のさえずりをつくりあげていきます。

模範になる大人のオスが複数いた場合は、メインの鳥のさえずりに、ほかのオスのさえずりの気に入った部分を混ぜるなどして、自分の歌を固めていきます。

複数のオスの声を聴いて育った文鳥が、それぞれのオスのよいところを選んで自分の歌に採り入れるのだとしたら、その文鳥は心の中に「よいさえずりとはなにか」という自分なりの「基準」をもっていると考えることができます。たとえそれが直感だったとしても、「選ぶ」というのは、そういうことだからです。

ただ、それはその鳥にとっての「よい」と思える基準であって、あくまでその鳥の個性の枠の中の「よい」です。ここにちがいがあるからこそ、世の中には他鳥と異なる文鳥の歌がいくつも存在するわけです。

それでも、文鳥界全体の統一基準として、文鳥として、どちらかといえば心地よい音楽と、受け入れがたい音楽はあるようです。

文鳥はクラシック音楽が落ち着く

かつて、慶應義塾大学心理学科の渡辺茂先生の研究室で、文鳥の音楽の好みを確かめる実験が行われました。クラシック音楽と現代音楽を聞かせて、どちらを好ましく感じるかという実験です。

先立って行われたのが、この2つの音楽を文鳥が聞き分けられる

研究はされていませんが、ほかの鳴禽も不協和音は好まないかもしれません。

かどうかの実験でした。

演奏者のちがいが好みに反映されないように、おなじ演奏者（ピアニスト）にクラシック音楽と現代音楽を演奏してもらい、ＣＤに収録。それを文鳥に聴かせました。

まずつくられたのがクラシックではバッハ、現代音楽ではシェーンベルクでした。それぞれを文鳥に聴かせ、特徴をつかんでもらいます。訓練が終わると、文鳥はバッハとシェーンベルクの聞き分けができるようになりました。

次に聴かせたのは、クラシックがヴィヴァルディで、現代音楽がエリオット・カーターでした。初めて聴かせたにもかかわらず、２種の音楽の特徴をつかんでいた文鳥は、この両者を聞き分けることができました。

クラシック音楽と現代音楽に含まれる音のパターンなどを理解し、自分の頭の中でクラシック音楽と現代音楽について、成分のカテゴリー分けを行って、そのちがいを見つけたようです。

そして、どちらかといえば「クラシック音楽のほうが好ましい」という好みの結果を示しました。ちがいを聞き分けられたこと、好みを示せたこと。文鳥がもつ能力の一端が示された瞬間でした。

なお、文鳥が識別に使っていたのは、現代音楽に入っていてクラシック音楽にはほとんど含まれない「不協和音」ではないかと、音楽の専門家は指摘しています。

話しかけられた言葉、中国語、日本語、英語がちがう言葉だっていうことはわかるよ。

英語と中国語のちがいも理解

文鳥は言語の成分もカテゴリーとしてもつことが可能です。たとえば英語と中国語をしっかり聴かせて特徴をつかませることで、文鳥は２つの言語の聞き分けができるようになります。

抑揚のリズムや母音が入るタイミング、母音と子音の割合などを手がかりに、２つの言語がちがうことを理解するようです。

食べ物への興味、食べ物へのこだわり

食は大きな楽しみ

生き物にとって食べ物の確保は、文字どおりの生命線。厳しい環境にある場合ほど、食べ物探しと食事に多くの時間が割かれます。

食事は第一に、餓死を回避するためのものなので、食べられるものなら、味にはこだわりません。明日も食べ物が見つかる保証などないことを知っているので、「もっと美味しいなにかを探しに」とか、考える余裕もありません。

しかし、人間のもとで、その常識はくつがえります。

家庭では、探しに行かなくても豊富な食べ物がいつでも提供されます。出された食べ物を口にすることで、実は味音痴ではない文鳥もインコも、与えられたものの「味」や「食感」がちがうことに気づき始めます。ペレットもそう。種子類も、産地やメーカーがちがえば微妙に味が変わってきます。

彼らの中で、「これは美味しい」、「これはいまいち」という評価ができてきて、それが許される環境では、自分の好みの味のものだけを食べたいという主張も聞き入れられるようになります。

もちろん、食べたいものを食べたいだけ与えていると栄養が偏ったり、肥満になったりします。その結果、早く老いたり、病気になってしまうこともあるので、鳥たちの豊かな食生活も配慮しつつ、栄養バランスと食事量を考える義務が飼い主には課せられます。

考えに賛否はあると思いますが、人間に近い心をもつ彼らにとって、味から食べ物を選べるようになったことは、新たに得られた幸せなのかもしれません。

色による判断

匂い・嗅覚を多用する哺乳類とちがって、鳥たちはおもに視覚を使って食べ物を認知してきました。特に、果実食や種子食の鳥はそうです。

緑の実はまだ硬く、熟すと赤やオレンジ色や黄色になる。そう脳が理解してきた歴史があります。

色付きのペレットで、赤や褐色や黄色は食べるのに、緑色のものは残し気味という場合、伝統的な色判断が効いているのかもしれません。ただ、おなじペレットとして与えられているものは、たとえ色がちがってもおなじ味だと学習すると、特定の色だけ残すことはなくなります。

人間の食べ物

おもにインコ類ですが、「もっと美味しいものが食べたい。ちがうものも食べてみたい」という気持ちを強くもつ鳥がいます。

人間が、さまざまなものを食べていることに気づくと、それを羨ましく思ったり、「ずるい」と思った鳥は、隙を狙って人間の食べ物に駆け寄ってきます。

鳥である自覚が強い文鳥は、インコほど人間の食べ物に執着しませんが、それでも焼き魚の身や皮を突ついてみることもあります。必要なアミノ酸がそこにあるため魚を狙うのかと調べてみましたが、実際はその鳥の嗜好としてクチバシをつけただけのようでした。

人間とおなじものを食べるというのは、その家の鳥の心を満たしてくれる行為でもあることは確かです。ただし、生野菜など一部を除いて人間の食べ物は鳥には基本的にNG。また、一度味をおぼえるとさらに執着度が増すので、食べさせないようにしましょう。

食卓で、鳥が食べても問題のない野菜を使ったサラダなどをいっしょに食べることは、鳥たちにとっても幸福なようです。

ご飯を食べたいタイミング

群れの鳥はシンクロ

群れの鳥は、ねぐらからの飛び立ちから就寝まで、おなじタイミングで行動します。もちろん、餌場に降り立つのも、そこで食べ始めるのも、おなじタイミングです。食事においては、視界の中に仲間がいることで、より落ち着いて食べられるようになります。

食欲が落ちた鳥に食べてもらうためのもっとも有効な方法は、こうした群れの心理を利用するやり方です。家庭では人間の食事を見て自身も食べ始める鳥が多いことから、「いっしょに食べること」が推奨されます。

もちろん、食欲旺盛な鳥に隣にいてもらうのも効果的。つられて一口、もう一口と食べることで、体重減少の回避が期待できます。

独立心の強い文鳥は、こうした点であまりまわりに引きずられたりしませんが、それでも群れの鳥であることは変わらず。ご飯に関しては、インコなどが食べたり人間が食べているのを見て、なんとなく食べたい気分になることもあるようです。

すぐそばで挿し餌をされているインコのヒナを見て、いつもより多く食べ、体重を増やしてしまった文鳥もいます。

文鳥が多数飼育されている家では、食べすぎることもない安定した食欲が保たれ、健康が維持されやすいという報告もあります。

ふだんから人間といっしょに食べたいと願う鳥は愛らしくも感じますが、留守の際に、人間が戻るまでほとんど食べずに待ち続ける鳥がいるのも困ったところ。なお文鳥は、自身を守る本能が強いため、食べずに待っているといったことは、ほぼありません。

遊びへのこだわり、なにが楽しい？

鳥の気持ちとして大事なこと

人に馴れた鳥は、ずっとケージに置かれたままだと退屈します。長期におよぶ退屈は苦痛となって、心を病むものも出てきます。

また、放鳥がなければ運動不足にもなります。それは、その鳥の身体の健康を損ないます。

鳥の心にとっては、前者も後者もストレスです。ともに暮らす鳥たちに健康でいてもらうためには、退屈しないケージ生活とともに、放鳥時間中の「遊び」が不可欠です。

問題は外で、「だれと遊ぶか」、「なにで遊ぶか」です。それを考える際に鍵となるのが、その鳥にとって楽しいこととはなにか、遊んで楽しい相手はだれか、です。

仲間と遊ぶことに大きな楽しみを感じている鳥では、仲間との遊びは必須です。

なのですが、一羽で遊ぶことが好きで、一羽でいる時間を大事にする鳥もいます。ほかの鳥とではなく、人間と遊ぶことが大好きな鳥もいます。

遊びに対する意識にも個性がでます。そのため遊びを考える際、提供する際には、まずその鳥の個性を把握してください。もちろん、なにかで遊ばせることを通して、その鳥への理解を深め、少しずつ形を変えていくのもありです。

だれとどう遊ぶ

文鳥は、仲のよい文鳥となら遊びますが、相性の悪い鳥に対しては攻撃的になります。ですので、

無理にほかの鳥と遊ばせようとしないでください。一人遊びを好む文鳥も少なくなく、遊ぶ相手は人間と決めている鳥もいます。

文鳥もインコも「遊び」は心を満たし、退屈を消すもの。ストレスを解消するものでもあります。せっかく楽しく遊んでいるのに、じゃまが入るのは好ましくありません。それでは心を満たせなくなり、逆にストレスにもなります。

複数が飼育され、相性の悪い相手がわかっている家庭では、「放鳥を分ける」ことは必須。個々の鳥の満足度を上げるために、いっしょに出すと落ち着かない相手や、危険な相手は出さない。それがとても重要になってきます。

多くのインコにとっては、仲間との遊びが精神衛生上とても重要で、コミュニケーションを取りながら、たがいに相手の気持ちを尊重しつつ遊んでいる様子が見られます。「だれと遊ぶ」かで遊びの内容が変わってくるのも、インコの遊びの特徴です。

インコの中には、仲間が遊んでいるのを視界のどこかに置きながら、一人遊びをするものもいます。それも個性なのだと思います。

もちろん、人間との「質のよい遊び」も大事です。

文鳥もインコも、そのときそのときで「やってみたいこと」を見つけるので、人間はそれに加わって鳥たちの楽しみを増やす手伝いをしてください。いずれにしても、鳥たちは遊びにも「こだわり」があって、それを満たさないと満足度は上がりません。

なにで遊ぶ?

文鳥もインコも放鳥中、身のまわりのさまざまなものをおもちゃに見立てて遊びます。

紙やクリップ、ペンなど、クチバシで持てるものを拾って持ち去ったり、持ち去ったものを人間が取り戻そうとすると拒否したり、逆にいったん人間に渡し、そ

れをまた取って逃げるなど、人間の子供のように遊びます。
輪投げや、指定された色のリングをおなじ色の箱に戻すなど、特定のおもちゃで指示に沿ったことをするとご褒美がもらえる訓練をされた鳥たちは、それも遊びの一環として楽しみます。指示どおりできるとシードやペレットをもらえることも、楽しみにします。

クチバシのちがいによる遊び

鳥たちの遊びの鍵も、やはりクチバシ。クチバシの形状のちがいが遊びのちがいに出ます。ただし、おなじ形のクチバシをもつ同種でも、性格や考えかたで遊びに変化が出ます。

なお、指先でなにかをすることが、人間の子供の脳の発達を促すように、まだ若い時期にクチバシを使った遊びをたくさんすることは、世界を理解することに加えて、その鳥の脳と心の発達にとっても不可欠のようです。

文鳥の遊びの基本は引っぱる、です。紙や布や紐を引っぱってその感触を確かめることも文鳥の遊びで、それに仲のよい相手が加わってする引っぱりあいも楽しそうです。

破壊も得意なインコでは、クチバシで壊すことも遊びの一環です。またそれは、遊びであると同時に、精神のバランスを取るために不可欠のものでもあります。

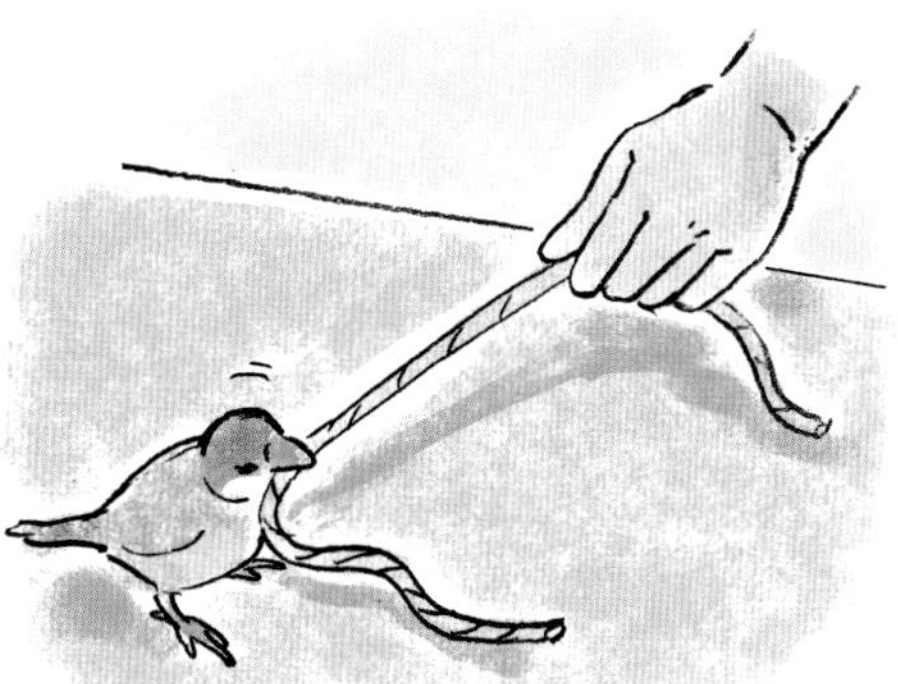

紐や布を引っぱるのは、文鳥にとって楽しい遊びのようです。
人間に引っぱりあいを要求することもあります。

肩や頭に乗りたい！

肩や頭に乗るタイミング

文鳥やインコたちが肩や頭に乗ってくるのは、第一に放鳥時ですが、朝など、エサや水を替える際に習慣的にケージから出て、頭に乗る例もあります。

エサの替えなど、朝のケージの用意が終わるまで頭や肩に乗ってそれを眺め、ケージに戻される直前にキッチンスケールの上に運ばれて体重を確認されるまでが1セット。その後、戻されたケージで朝ご飯――、が習慣になっている鳥もいます。

放鳥時、まず部屋をぐるぐると何周かしたあとに人間のところに来るとか、ほかの鳥たちとひとしきり遊んだあとに人間のところに来るとか。また、遊びたいだけ遊んだあと、放鳥の「締め」に乗るのは人間の肩と決めている鳥もいます。その鳥の中で、「習慣」ができあがっているようです。

人間のところ、遊びたい場所、ほかの鳥のところと、ランダムに移動する鳥もいます。それでも人間の肩や頭は、どこかのタイミングで乗ってきます。

肩や頭に乗る鳥も長くそこにいるわけではなく、最終的に、手の上に移動させられたり、テーブルに降ろされたりします。

多くはそれをわかったうえで肩や頭に乗ります。また、決まった放鳥時間が終わるまで人間の近くにいると、そのままケージに戻されることも知っています。それも放鳥の流れと考えているようです。

人間が大好きな鳥にとってそこは落ち着く場所でもあります。

理由は鳥ごとにちがう

人に馴れていて、体温を感じられるような接触を求める鳥たちは、人間の頭や肩に乗りたがります。実はそこにさまざまな思惑があって、肩や頭に乗る理由が一律でないこともわかってきました。

たとえばそれは、手は怖いが人間に触れたい、触ってほしくはないが言葉や歌はおぼえたいので肩に行きたい、という自己矛盾を解決する手段だったり。パートナーと認識する人間を、他鳥を押し退けて独占するためだったり。

後者の場合、気の強い鳥では、その人間のそばに来た鳥を徹底的に攻撃して追い払ったりします。その人間に向ける目と、ほかの鳥に向ける目が明らかにちがっていて、まるでアニメやマンガのキャラクターのようといわれることもあります。

興味深いのは、捕まらないように、手が伸びてきたらいつでも飛び立って逃げられる肩や頭に行く鳥がいる一方で、捕まえてかまってもらうことを目的に肩や頭に止まる鳥がいることでしょうか。

絶対にさわられたくないけれど、人間と触れていたいという矛盾をかかえる鳥もいます。

前者は、手が伸びるとすぐに逃げますが、後者は手が伸びてくると、待ってましたとばかりに簡単に捕まえられて、手の中で満足そうにします。まさに個性のちがいです。

繰り返しで満足

テーブルの上にあるものを落とし、それを飼い主に拾わせて、また落とす。その繰り返しを遊びとして楽しむ鳥がいますが、頭に乗ることに関しても、おなじような意識をもっている鳥がいます。

頭に乗ると、長くはそのまま置かれず、手が伸びて手の上やテーブルの上などに移動させられます。するとそこからまた頭に。その繰り返しが楽しいようです。文鳥の中にもそんな鳥がいます。
　インコの場合、肩の前あたり肩の高さに両手を縮めた状態で固定するように飼い主に指示して、左肩⇓左手の甲⇓右手の甲⇓右肩と鳥を渡るようにポンポン移動する鳥がいます。いったん肩まで行ったあとは逆のルートで戻ったり、頭を経由して反対側の肩に行ったり。つまりそれも、「飼い主で遊ぶ」ことの一端であるわけです。

声や歌が聞きたい

　オスで多いのが、歌や言葉や口笛のメロディを聞きたい、聞いておぼえたいので肩に行くパターンです。肩なら、発声源である口元に耳を寄せて至近距離から聴くことができます。満足するまで人間が聞かせてくれないときは、「もっと話せ。口笛を聞かせろ」と耳をかじったり、首をのばして唇を咬んだり。要求が強いと、流血もありえます。
　メスの中にも声を聞きたい鳥はいますが、「今、ワタシに向かって話してくれているのね、うたってくれているのね」と、うっとりしたいがためそこに行く鳥も。ただし、状況によっては発情を誘いかねないため、注意が必要です。

とにかく言葉をおぼえたいセキセイは肩が大好きです。

　文鳥の場合、自分になにか語りかけてくれることをうれしいと思うものの、インコほど歌や口笛にこだわりません。それでも、好きな人間の声を興味深そうに聞いている鳥も多くいます。

【頭や肩に乗りたい理由】
○触られたくないから、すぐに逃げられる肩や頭に
○捕まえほしくて、わざと頭や肩へ
○近くで声をかけてほしくて
○その人に触れていたいから
○その人間を「おもちゃ」として遊びたいから
○歌や言葉をおぼえたいから肩へ
ほか、多数

眠らせる時間についての注文

夜は眠くなるけれど

人と暮らす鳥は、必然的にその家の生活サイクルに合わせることになるため、眠りに入る時間は家ごとにちがっています。夕方7時過ぎには寝ている家もあれば、就寝が11時になってしまう家もあります。

人間が起きているかぎり自分も遊びたいと主張する鳥がいます。「まだ眠くない!」という主張はいつものことと、半ばあきらめ気味の方もいますが、夜間の慢性の睡眠不足も体調を崩す原因になりますので、決まった時間になったらカバーをかけ、静かに眠らせてあげてください。

セキセイインコやオカメインコの場合、ヒナも含めて、遮光性のあるカバーをかけるとわりとすぐに寝てくれますが、生後2～3カ月の文鳥の場合、人間が起きている気配を感じると、自分も遊ぶと暗くしたケージの中で暴れ続けることがあります。

その場合は、なるべく刺激を受けないように、また暗い中で暴れてケガなどしないように配慮しつつ、その時期を過ごさせてあげてください。生後4カ月目を過ぎると、かなり落ち着くはずです。

なお、規則正しい生活が鳥との暮らしの基本ではありますが、それに縛られすぎるのもよくありません。

仕事などで帰りが遅くなった日など、いつもの就寝時間が過ぎていても鳥たちは起きて待っています。「もう寝る!」と暗くすることを求める子は、眠らせてあげてください。

ただ、寝る前の放鳥が日課で、その日も遊んでほしそうにしていたら、少し遊んでもかまいません。睡眠時間は減るかもしれませんが、「今日も遊んでもらった」という満足感は、その鳥の気持ちに潤いを与えます。「遊んでもらえなかった」という不満はストレスにもなり、そのほうが体調維持にとってはマイナスです。

友だちはほしい？

友だちになろうよ

インコを飼育している人のあいだでは、鳥を連れたオフがたびたび行われてきました。それは、インコたちが初めて出会った相手でも仲よくなれる可能性をもっていることを知っていたためです。

そして、それを知っている飼い主どうしも、インコ飼いの友だちがほしいと考えたからでした。

セキセイインコやオカメインコなどインコ目の鳥が、他種とも比較的簡単に仲よくなれるのには、もちろん理由があります。

まず、もとより異種に対する心の垣根が低いこと。それは哺乳類の人間に対してもいえることで、「この子と仲よくなりたい」と思う人間に対して、その人間が怖い

相手ではないと感じられたなら、「わかった」と応じてくれます。それが、インコを熱烈に愛する人たちがいる理由でもあります。

もうひとつが、寂しいのはいや、という意識です。

インコが感じる寂しさと文鳥が感じる寂しさは実はかなりちがっていて、つがいの相手とはまた別に、ゆるく親しいだれかと触れあう機会がほしいという思いがインコにはあります。

それは孤独に弱い心の裏返しともいえるもので、多くのインコやオウムは声や体温が伝えられるだれかの存在を必要としています。

それが、「友だちになろうよ」という好意的な態度を示してくれた相手に対する心の垣根が低くなる理由でもあります。

凛々しい独立心の文鳥

一方の文鳥は、独立心が高く、「群れの一員であっても、生きていくのは自分一羽」という意識が強く、その裏返しで孤独感にも強いため、わざわざ新たな友だちをつくろうという意識があまりありません。まして、異種の鳥と友だちになりたいと思う文鳥はかなりの変わり者であり、少数派です。

文鳥とわかっていながら友だちになりたい意思を示すような異種の鳥は、文鳥が守りたいパーソナルスペースを理解せず、簡単にラインを踏み越えて来る可能性があります。それが直感的にわかっているので、いっしょに遊びたいとも、基本的には思いません。

インコやオウムの場合は、多くがフレンドリーな性格でもあることから、よほど社会性に欠けた鳥でもないかぎり、ものすごく親しくはならないとしても、いっしょに遊ぶ、くらいのことはします。

このちがいについて、インコが文鳥の心理を理解することは難しく、逆もまたおなじであるため、

インコと文鳥がいる暮らしは、一定距離を保つことがそれぞれの安心感につながるように思います。

ただ、思い込みの激しいインコの場合、「この文鳥さんといつかお友だちになれたらいいなぁ」と思うこともあるかもしれません。

文鳥・インコにとってのケージとは

プライベートスペース

世間一般でいう「鳥籠」のイメージは、鳥たちが心にもつ「ケージ」のイメージと大きくかけ離れています。

文鳥にしてもインコにしても、ケージは自分たちの「家」であり「ねぐら（塒）」でもあるプライベートスペース。自身が主《あるじ》である、不可侵の縄張りです。

人によく馴れた鳥の多くはおおらかで、落ち着いていて、エサや水替えの際に手が入ってきてもそれほど怒ったりしませんが、なかには徹底的に排除しようとする鳥もいます。

そうした鳥からすれば、入ってきたのが見なれた飼い主の手であっても、侵入者と認定した瞬間に本気で攻撃する対象になります。入ってくるのはだれであっても許さないという、本人の意識ではない、本能的な意思が攻撃をさせます。

それは、発情中に特定の場所を縄張りと決め、近づく者に襲いかかる姿と似ています。そんな鳥も、その場を少し離れただけで、憑き物が落ちたようにおとなしくなります。

同様に、放鳥のタイミングになってケージから出てくれれば、さっきのあの殺気はなんだったのと拍子抜けするほどの「いつもの顔」に変わります。さらには、飼い主にべったり寄り添ったり、いっしょに遊ぼうとモーションをかけてみたりもします。

多くの鳥にとって自分のケージ

とても馴れた鳥でも、ケージに浸入することは許さないと思うものもいるので注意が必要です。

は、それだけ大事なスペースということです。

安心して住める家を！

一日の大半を過ごす生活の場であるケージ。鳥にとっての最大の願い、こだわりは、「くつろげること」そして「安心して暮らせる空間」であること。毎日しっかり水とエサが替えられ、掃除もされて清潔が保たれていることも、必須の条件です。

住みやすさと安心感がその鍵になります。人間もそうですが、それがあって初めて、「自分の住み処《か》」という自覚が生まれます。

文鳥やインコたちが飼い主に願うのは、暑さ寒さや騒音・振動、他の動物がいるなどのストレスをなくした、落ち着いた環境にケージを設置してほしいということ。

気温が上がる夏や冷える冬、エアコンで温度管理をするのはもちろんですが、冷風・温風が直接ケージにかからないようにするのも飼い主の義務です。

鳥たちの声なき要求に、耳と心を傾けてください。

ケージは、第一にくつろげるスペースであること。

文鳥にとって大事な動線

章の冒頭でも解説したように、文鳥はケージの中を飛んで移動しています。行きたい場所から行きたい場所へ、気軽に移動します。

それができなくなることは、飛ぶことが生活の中心にある文鳥にとっては大きなストレス。それどころか、生活に支障さえ出てきます。

のんびり佇むいつものとまり木や、中継として使うとまり木、エサ入れや水入れなどのあいだを〝自在に〟飛べることが、文鳥にとってはとても重要なのです。

そこからいえることは、退屈を紛らわすためにケージに入れるおもちゃなどが「飛行の妨げになってはならない」ということです。

ケージを設定をする飼い主に対する文鳥最大の願いが、「動線を妨げる位置にものを置かないでほしい」だと理解してください。

インコやオウムのケージに比べて文鳥のケージの中におもちゃ類が少ないのは、こうしたことも理由になっています。

あまり家にいられないので、おもちゃを多めに入れて退屈しないようにしたいと考える人も、初めて文鳥と暮らす方の中にはいると思います。その場合も、とにかく「動線」を考えて、文鳥が動きやすく、リラックスして過ごせる家を守ってあげてください。

たとえば奥のとまり木とエサ入れとの中間地点に、ブランコなどを吊るすのはありです。それはおそらく、じゃまになりません。文鳥は引っぱって遊ぶことも好きなので、紐状のおもちゃを入れることもあると思いますが、その際も飛行において翼がぶつからない位置に吊るすなどしてください。

おもちゃの設置は導線を妨げないように!

インコやオウムの場合

インコやオウムは足とクチバシを使ってケージの壁を移動することが得意で、多くがそれを多用しています。ケージ内に飛行の動線が存在しない鳥も多いため、おもちゃの設置に関しては、文鳥ほど気をつかう必要がありません。

ただそれでも、インコ、オウムを飼育されている方のケージを見ると、「入れすぎでは?」と思ってしまう例がけっこうあります。その鳥の様子をよく見て、必要なものを入れてあげてください。

また、オカメインコの場合、パニックになったときにおもちゃにぶつかることで、パニック状態が悪化して大きなケガにつながることがあります。

特に臆病な個体と暮らしている方は、ケージ内のおもちゃは最低限にすることをお勧めします。

CHAPTER 4

鳥たちの人間に対する意識

鳥たちにとって人間とは？

大きい生き物

文鳥にとっての人間。セキセイインコにとっての人間。人間の位置づけや印象は鳥種ごとに変わってきますが、それ以上に、個々の鳥がもつ意識や性格によっても変わってきます。それでも、おなじ鳥として、おなじように感じることもあります。

人間と出会って鳥たちがまず思うのは、「大きい生き物――」ということ。ただ、鳥の中にも、かなりサイズがちがう種がいます。

たとえば、セキセイインコから見たコンゴウインコやヨウムは十分に巨大です。ですが、初めて見たときに少し驚いたとしても、見慣れれば「それもあり」と思い、しばらくすると体のサイズについては問題なく受け入れるようになります。特に若い鳥の心には、それだけの柔軟性があります。

人間も「巨大」ですが、物心がつく前から見ていたなら、その大きさについても、自身に不都合があるとは考えません。

もとよりヒナから育てられた場合、人間は庇護者であり、親代わりです。成長して大人になることが最優先だと本能が告げるので、大きさがちがうことは慣れてしまえば些細なことです。

人間の大きさにもやがて慣れて、あまり違和感を感じなくなります。

自分に似ていると思う

若い鳥は、翼をもたない大きな生き物である人間を奇妙に感じますが、一方でいろいろ似ているところがあることにも気づきます。

おなじような方法（＝音声や、しぐさ）で意思を伝えあったり、怒りや喜びなどの感情があったり。怒っているときには声が大きくなったり――。人間が自分に似ているのか自分が人間に似ているのかはわかりませんが、とにかく似ていると実感します。それは、2章の頭で解説したとおりです。

人間もそう感じるように、この人と自分は似ていると思った瞬間に、その気持ちは「親近感」になります。すると、鳥の心にあった人間と自分とを隔てる垣根はとても低くなります。簡単に飛び越えることができるくらいに。

親近感は、安心感も増やします。

そして、この人のもとで暮らすことは、これからの必然と理解して、それを受け入れます。受け入れてしまえば、あとは暮らしやすくするために、そこでの暮らしに自分を合わせていくだけです。

群れの仲間としての人間

文鳥もインコも群れの鳥です。群れで暮らすということがどういうことで、どう振る舞うのが正しいのか、教えられなくてもその心には一定の基準が存在します。

「郷にいっては郷に従え」ではありませんが、自分が所属することになった人間の暮らしに沿った生き方を、鳥たちは可能な範囲でしていきます。一方で人間のほうも、鳥にとってよい暮らしを維持するために、物理的にも精神的にも鳥側に歩み寄っていきます。

人間の見きわめ

どんな人間なの？

新たにだれかと知り合ったとき、話す機会をつくりながら、どんな話題をもっているのか、どんな話し方をするのか、どんな趣味があって、人間性はどうなのかなど、情報を集めて少しずつ相手を判断していくと思います。

とにかく情報がないと、今後、その人とどのような関係になるのかわからないので、せっせと情報を集めます。

たくさん話すほど、早い段階で興味をもてる人物かどうかがわかり、この人とは友だちになれそう、好きになれそうと思ったり、逆に失望して、「あぁ、この人とは絶対にムリ」と思ったりします。

人間よりも、もう少しシンプルで直感的ですが、実は文鳥たちもこれに近い方法で、飼い主ほかの人間のことを判断しています。

安心できる相手かどうかを確かめることは、とても重要です。なぜなら人間は、自身の暮らしの安全と「生」を握る存在だからです。どんな相手か確かめろと、心の深い部分が命じます。

まだどんな人間かわからない状況で鳥たち――ヒナたちは、比較的温和な目で人間を見つめます。攻撃的な態度でいるより、温和であるほうが相手（人間）の庇護欲を引き出しやすく、相手の素顔を見つけやすいからでもあります。本能的に文鳥ほかの鳥たちは、そうしたほうがよいことを知っています。

実はこのとき、ヒナの心の中ではその人間がどんな心をもった存在なのか見きわめが行われています。

人間側からすると、実はそこにも罠があって、手の中にヒナを置かれた人間は、無防備なヒナの顔を見つめながら、「この子は私のことが好きかもしれない」と思ってしまったりもします。

少し大きくなり、人間に迎えられることが決まった若い鳥（それでもまだヒナと呼ばれることが多い）も、ニュートラルで、やわらかい心（＝人間が嫌いではない状態）で、相手（人間）のことを知る努力をします。新たな環境での暮らしが快適になるように努力する必要があることを、心の深部が知っているからでもあります。

人間の見きわめポイント

やさしい気持ちをもっていて、自分を大事にしてくれるかどうかは、鳥にとってとても重要です。感情の揺れ幅が大きくないかどうかも大事です。日によって、自分に対する態度や対応が大きく変わるのは困りますし、疲れます。

感覚的なものではありますが、相性がいいかどうかも問題です。

ここから鳥と暮らす人に対して願うのは、文鳥ほか、家に迎えた鳥から信頼される人間になってほしいということ。人間は、ともに暮らす鳥の心や性格を変えることはできません。でも、自分の心や行動を改めることはできます。

鳥を幸せにしたい、長くいっしょに暮らしたいと考えるなら、鳥が安心できる、信頼される自分になってください。文鳥も、インコたちもそれを望んでいます。

人間の見分け

飼い主以外の好きな人

鳥が好きになる対象は、本来の飼い主に限りません。

おなじ家で暮らす家族のだれかを好きになることもあれば、ときどきやってくる飼い主の友人が大好きになることもあります。

どんな人間か判断をする際、少し長い時間がかかるケースがある一方で、あっという間に大好きになってしまうこともあります。

「相性」や「第一印象」というものが、鳥とのあいだにもあるのだと、強く実感します。

接する時間が長く、特別な目で見てくれる人間（だいたいは飼い主）がやはり特別で、好きになることが多いのですが、文鳥もインコも状況によって、そうでない人にも好感情を抱くことがあります。いちばん好きな相手が不在のときの代理として、二番目に好きな人を心に置いておくこともあります。

鳥たちの見分け、識別は、人間の目にはなかなか難しいものもありますが、鳥たちはちゃんと個々の人間の特徴を捉えて、それが「だれか」を判断し、好きな人か、嫌いな人か、特に関心がもてない相手かどうかも判断しています。

好きな人ほど判断が早い

好きな人の声が聞こえたり姿が見えたりすると、その人に向かって嬉々として飛んでいく鳥がいます。概ね飼い主ですが、飼い主でなくても、その鳥にとって特別な相手なら同様のことをします。

しばらく会えていなかったとしても、声ほか、断片的な情報が届いただけで、その人だと確信します。それはその鳥が、その人物についてすでにたくさんの情報を得ていて、目や耳にしたものがもっているいくつかの情報とマッチしたことで、「あ、あの人だ！」という判断ができたからです。

複数の人間が語り合う場所にい

ても、その中に好きな人間の声が混じっていれば、そこにその人がいると鳥にはわかります。人間でいうところの「カクテルパーティー効果」は鳥にもあるようです。

見分け、聞き分けの方法

人の顔をおぼえることが苦手な人もいます。それでも人間どうしなら、まだなんとかなります。一方で人間は、人間以外の生き物になると、とたんに個々の識別が難しくなります。

しかし、飼育されている鳥は、かなり早い段階で目と耳から得られた情報から特徴をつかんで、個々の人間の識別ができるようになります。

まず、声はとても重要です。いつも話しかけてくる声のキーの高さや声質を、文鳥もインコも簡単に把握します。話すクセ、抑揚など、話し方の特徴もつかみます。なかでも、「おいで」と呼ぶ声は重要な判断アイテムとなります。

背の高さ、髪の長さ、眼鏡の有無、いつもの服装、歩き方とそのときの音、表情。手を振るなど、自分を呼ぶときのクセ。そういったもの＋音声の情報を、頭の中にデータベースとしてもつようになります。

あとは、姿が見えたとき、声が聞こえたときに、もっている情報と照合して、「この人！」と判断するわけです。

鳥たちは好きな人のさまざまな情報を、頭の中にデータベースとしてもっていて、いつでも参照できるようにしています。

一羽飼いの心、複数飼いの心

鳥から見れば、1対1

複数飼いをしている場合、状況に応じて、それぞれの鳥を見なくてはなりません。だれかが病気にでもなれば、その鳥にそれなりの時間を割くことになります。

また、飼い主ととても相性がよく、それゆえに接触の多い鳥もいれば、逆に遠慮がちで、主張が弱いことから接触が少ない鳥もいます。結果的に、家庭内での鳥と人間の関係は均一にはなりません。それはしかたのないことです。

しかし、個々の鳥からすれば、家の主はただひとりの存在。つまり、飼い主との関係は常に1対1です。「自分と大好きな人間との関係」となります。この点を、絶対に忘れないでください。

家庭内に仲のよい同種の鳥がいる場合など、その鳥にとっては心強くも感じていることでしょう。それでも、飼い主との関係を補完できるものではありません。

また、大好きな飼い主と仲よくしている他鳥を見て不快に思うこともあります。文鳥は特にそうかもしれません。自分の思いを満たす障害として、嫉妬の対象になることもあります。

複数飼育されている環境でも、ある鳥から見た飼い主と自分との関係は、常に1対1です。

一羽飼いのメリット

その鳥と深い関係を築けることが、一羽飼いの最大のメリットです。おそらく鳥側も同様で、深い接触を求める鳥からすれば、飼い主と1対1で過ごす日々は最大の幸福であるかもしれません。

群れの鳥は複数で飼育すること

が、近年は推奨されています。仲間がいれば心が安定し、寂しさや孤独からくるストレスを感じなくて済むからです。それによって寿命が延びるともいわれています。

それは大きなメリットなのですが、複数の鳥がいて、各々が飼い主としっかりとした関係を築いていると、個々の鳥の飼い主の独占が難しくなります。そうした状況にストレスを感じる鳥もいます。

我慢することが苦手な鳥は特に、思うように飼い主を独占できないことが大きなストレスになります。そうした鳥の場合、一羽飼いのほうがはるかに落ち着きます。

心のバランス的に、「仲間がいること＜飼い主の独占」という鳥は、一羽飼いによって孤独感ではなく、深い満足感を得ている可能性もあります。

文鳥の一羽飼いについて

文鳥は強い精神をもった鳥です。孤独に対する耐性はインコやオウムよりずっと高めです。そんな文鳥は一羽で飼育されていても、飼い主がしっかりそばにいたなら寂しさや辛さをあまり感じることなく暮らすことが可能です。

文鳥の複数飼いは小さな群れとしての生活を眺めたり、オス・メスの相性がよければ繁殖もできます。それも楽しいものです。

一方、一羽で飼った場合は、より深く飼い主との関係を築くことが可能で、まったりとした深い愛情生活を送ることができます。これが文鳥の一羽飼いの大きなメリットとされます。

仲間の存在が孤独感を失くし、退屈を減らす可能性も。

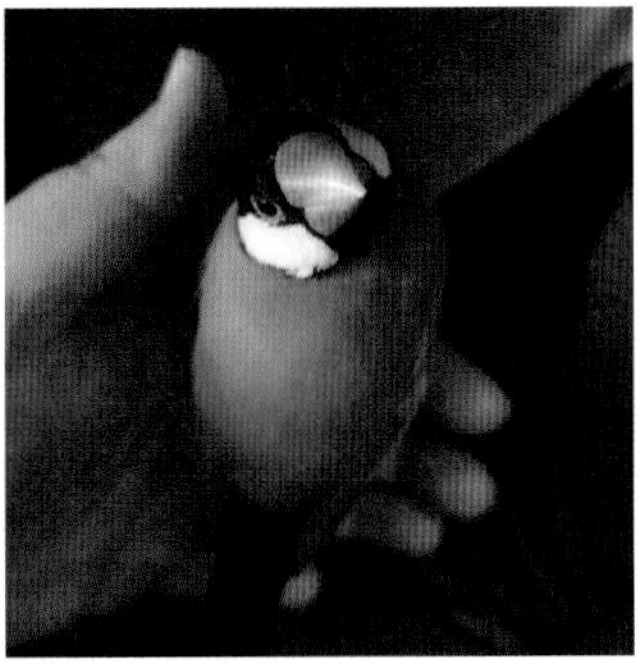
飼い主と日々、じっくり過ごせることが一羽飼いのメリット。

鳥たちの独占欲

独占欲は鳥の本能に由来

鳥には独占欲があります。飼育されている鳥の心の中にも、独占欲はあります。

鳥の独占欲の根底にあるのは生存本能です。たとえば食べるものがわずかしかなかった場合、野生では、それをだれかに取られることは間接的に自分の死を意味します。だから争ってでも、それを口にしようとします。

争う意思のないものは最終的に死んでしまいます。相手に譲るのは生をあきらめたことと同義です。鳥たちの独占欲の底にはそんな野生の本能が隠れています。

変わる独占欲の対象

人間のもとで鳥たちの個性に変化が出るように、独占欲も変化します。だれかになにかを譲っても、自分の命が脅かされることがなくなったことも大きく影響しているようです。

食べ物については、自分が特別美味しいと思っているものをだれにも渡したくないという気持ちに変わります。それは、食に対する人間の独占欲にも似ています。

とにかく、好きな相手にはだれも近寄らせたくない鳥がいます。

一方で、家庭内での独占欲の中心は、好きな人間と、その愛情の確保へとシフトしていきます。

大好きな人間を独占したい。すべての時間を自分だけに使わせたい。向けられる愛情も自分だけのものにしたい。先住鳥としての既得権を守りたい。そんな実態が見えてきます。

人間がそうであるように独占欲の強さには幅があって、なかには極端に強く、非常に攻撃的になる個体もいます。

飼育されている鳥の中で、文鳥は独占欲が強い鳥種にカウントされています。しかし、独占するための本気の攻撃は、威嚇に比べて実は少ないという実態もあります。怒りっぽく見えても、文鳥はけっして凶暴な鳥ではないのです。

インコの中ではラブバード類の独占欲の強さがよく知られます。それは「ラブバード」の名前の由来でもある愛情深さの裏返しと考えることができます。

一方、淡白な目で、そうしたホットな鳥たちを見つめる鳥もいます。争うことが嫌いだから。争ってケガをしたくないから。独占欲はそれなりにあっても、一歩引いたポジションに留まります。たとえば温和な鳥が多いオカメインコに、そういう個体が多く見られます。オカメインコやセキセイインコの中には、ある意味で、飼い主を信頼していて、独占欲の強い鳥たちをまずは相手にしたとしても、最終的には自分のところにも来てくれるという確信から待っている鳥もいるようです。

文鳥とラブバード

独占欲が強い鳥種で、種の中でもその傾向が強い鳥どうしが飼い主をめぐって争った場合、流血の惨事も起こりえます。

具体的に危険なのが、文鳥とラブバードの争いです。このケースでは、文鳥の死亡も想定されるので、実はとても仲よしであるなど特殊な状況を除き、絶対に同時放鳥はしないでください。

そうした事態になって飼い主が止めようとした際、指などを強く咬まれて流血に至るかもしれません。それでも腹を立てたりせず、鳥にケガがなかったことを喜んでください。

独占欲が強い鳥の同時放鳥は大きな危険が伴います。なるべく避けてください。

つがいの相手と認識する人間には、同様のサービスも

さまざまな「咬む」

「うちの子、咬み癖があって」という声を、ときおり聞きます。「咬む」とひとことでいっても、実は甘咬みから出血の事態まで、さまざま。さらには咬んでいる鳥の気持ちもさまざまです。

加減ができない鳥。怒りがコントロールできない鳥。ただ強く咬みたかった鳥。八つ当たりしたかった鳥。びっくりして勢いで咬んでしまった鳥。

そうした例がある一方、その人間をつがい認定していて、羽毛のグルーミング（grooming）のつもりなのに、羽毛がなく、生えかけの筆毛もないので、代わりに皮膚を咬んだという例もあります。

こうしたケースの根底にあるのは愛情で、悪気はまったくなく、傷つける意図もありません。

結果的に傷ができて出血してしまったとしても、それは愛あるがゆえです。

文鳥でも、肩にとまって首筋をチミチミ咬んでくる鳥がいます。それが愛情からものだとはっきりわかっていて、我慢できるものであるなら、拒否せずに受け入れてあげてください。拒絶するとショックをおぼえる鳥もいます。

加減ができないなど、ことあるたびに血がにじむほど咬んでくる鳥については、ほかの楽しいことに意識を向けさせ、なにかが上手くいったらご褒美を与えるなどして、少しずつ気をそらしていくことが最良といわれます。が、鳥それぞれの思いもあるので、止めることは簡単ではないようです。

かさぶたをはがしたり、手のササクレを取ってくれるのも、グルーミングの延長からきていることがよくあります。

文鳥は人間の子供をどう見ている？

乳児を静かに眺めることも

自身が暮らす家に人間の子供が生まれたとき、当然のように文鳥は、幼いその子にも関心を示します。

すっかり大人になって気持ちも落ち着き、若い頃よりさらに飼い主に対する愛情が深まった文鳥は、やがてその小さな生き物が、鳥でいう「ヒナ」であることに気づき、大好きな人の子供であることを察します。その子供に対し人間が、自分に対するときと同じような眼差しで見つめていることに気づくと、過剰に接することもなく、少し離れた場所から、ただ暖かく見守っていたりします。

幼稚園〜小学校低学年の子供

幼稚園から小学生の時期の人間の子供は、文鳥のヒナ並に強い好奇心をもって、身のまわりの生き物のことを探ろうとします。当然のように、その手は飼育されている文鳥にも伸びます。

そんな子供に対しては、警戒感が高まり、本能的に危険も感じるため、自分からは近寄ったりしません。また、とにかく文鳥が触りたくてしかたがない子供に対しては、教育的指導ではないですが、激しく怒り、絶対に自分には触らせないという態度を取ります。

一方で、鳥をよく観察して、文鳥が乱暴な行為などを嫌うことを理解した子供は、無理に触ろうとせず、一定の距離から穏やかに眺めていたりします。すると文鳥の心に「この子は安全」という確信が生まれ、その子の頭上に飛んで行ったりもするようになります。

文鳥は小さな子供を敬遠しますが、この子は大丈夫、と感じた相手のところには飛んできて小首を傾げてみせたりします。

人間の手、手のひらは怖いもの？　好きなもの？

評価が分かれます

人間の「手」に対して、文鳥たちの評価は、好きと嫌いにきれいに分かれます。嫌いを超えて、怖いと感じる鳥もいます。

【手に対する意識】
○好き
⇒その人間のすべてが好き。
○嫌い、怖い
⇒その人間も怖いし、手も怖い。
その人間が嫌いで、手が怖い。
⇒その人間は好きだが手は怖い。
その人間は好きだが手は嫌い。

その人間のすべてが好きという場合、その人間の一部として当然のように手も好きになります。手はなでてくれるものであり、すっぽりおさまって幸福感に浸れるもの。ときどき美味しいものをくれるものであり、飛んできた際に着地するポートでもあります。

手も人間も怖い、嫌いというのは、あまり人に馴れていない鳥に多く見られます。まず最初に少しずつ人に馴れてもらって、怖くない、いやではない存在と学習してもらうことが大事です。人が怖くなくなると、同時に手も怖くなくなるケースと、手だけに怖い、嫌いが残るケースがあります。

その人間は好きだけれど、手はいや、怖い、嫌いという鳥に対しても、少しずつ慣れていってもらうしかありません。その際は、絶対に急いだり、焦ったりしないことです。早く慣れてもらおうとあれこれすると逆効果になります。

怖がらせたなど、手が嫌いになったり怖く感じるようなきっかけがあった場合は、それを取り除く努力も並行して行いますが、まずはそうした事態を招かないようにすることが重要です。

人間がなにか作業をするのは基本的に手であることから、それが「よい」と感じた鳥は手を好評価するようになり、逆に「イヤ」、「すごくイヤ」と感じた鳥が手を嫌いになります。次項で、この点も掘り下げてみます。

コラム

左手にこだわる

飛んでくる先は必ず左手

うちの文鳥は、両手を広げて「おいで」というと、必ず左の手のひらに止まります。何度やっても、毎日おなじです。ここが着地点と決めているようです。左手と右手、きちんと見分けて、自分の意思で選択しています。

文鳥と暮らしている方を取材してみると、同じような文鳥がけっこういました。理由はいろいろ推察されますが、「握り文鳥」がその鍵のひとつではないかと思われます。

文鳥はなにか作業しているときにも飛んできて、空いている手の中に潜り込もうとします。テーブルや机で書き物をしていたり、テレビのリモコンを操作しているとき、片方の手がただ机の上などにあると、そこが恰好の潜り込みのターゲットになります。

日本人には右利きの人が多いので、右手はふだんからかなり使われていて、反対に左手は空いていることも多くあります。そうしたことが刷り込まれた結果、左手が着地点になったのではないかと考えています。

ただ、作業中にたまたま右手が空いていると右手にも潜り込みますし、机でパソコン操作をしているとき、右手とその中のマウスの間に入り込もうとすることもあるので、「握り文鳥」になるのは左と決めているわけではないようです。

とすると、左手に来るのはただの「こだわり」なのでしょうか。謎は深まります。

ヒナ時代、なかなか寝てくれなくて困った子も、大人になって聞き分けのよい子になりました。

人間を嫌いになるとき

とにかく人間が嫌い

人間に対する鳥の評価はなかなか不思議で、人間性など多くの点で問題があると評されている人物を、ほかの人間よりもずっと好きになることもあります。

一方で、存在そのものが大嫌いといわんばかりに、特定の人物を徹底的に嫌うこともあります。初めて目にしたにもかかわらず、その場から逃げ出したいほど怖いと感じる相手もいるようです。

たとえば「怖い人」という鳥の直感的な評価は、長く接するあいだに、「もしかしたらそんなに怖くないかも……」に変化する可能性があります。相対する人間のまっすぐな心が上手く伝わって、この人は信頼できると感じると、その判断に変化が出てくることも。

しかし、はっきりとした原因、理由があって、この人は怖い、この人は嫌いと判断を下した場合、それを覆すのはかなり困難です。

人間を嫌いと感じる瞬間

人間の場合、「この人は嫌い」という評価に至る際には、その相手の行動が強く影響をします。鳥もそうです。第一に、粗暴な人間は鳥にも人にも嫌われます。

初めて会った人間に対して、鳥たちの意識はひとまずニュートラルです。ただし、すでに人間と接点があり、その過程で、こういう人間は好き、こういう人間は嫌い、という基準が心の中にできていた場合は、それに準じた判断が行われます。

そうした出会いもなく、本当に

警戒する鳥。

初めて接するケースでは、直感的な印象はあるものの、その人間を判断するのに十分な情報をもっていないので、初期段階ではその人物の評価は定まっていません。

接点をもっていくうちに、その人間の行為を快く感じることが多いとプラスの評価が高まっていきます。逆に、不快に感じることが多いと、マイナスの評価が積み重なっていきます。

不快が嫌悪に変わると、「嫌い」という評価になって、その評価はなかなか変わることがありません。

手が伸びてくる

鳥がいやと思うことを理解しないタイプの人間は、とにかく触れようとします。手には乗ってもいいけれど、翼にも背中にも触ってほしくない鳥に対しても、「手に乗ってくれたんだから、触るのもOK」と勝手に思ってしまう、ある種の「空気の読めない」タイプの人間は、鳥に対しても対人と同様に行動してしまうので、最終的に強く嫌われることになります。自分が鳥が好きなので、鳥もそうだと思い込むタイプもいます。

初めて出会ったときに追いかけまわしたり、無理に体をつかんだりするなど、自分に対して酷いことをした「手」を、鳥は一生忘れません。そんなことをした人間とともに、「手は怖いもの」という印象が深く心に刻まれるからです。

人間がなにかをする際には、まず手が伸びます。そのため、鳥が人間の部位の中で最初に認識するのが手です。強く印象づけられる人間の象徴が「手」だと思ってください。

手と人間がセットで「嫌い」と思われないためにも、鳥から、痛いことをされた、不快なことをされたという印象をもたれないようにすることが重要です。

いやな目にあったこと、と「手」が関連づけられると、手がトラウマになることもあります。

うれしいと思う瞬間

ほめられるとうれしくなる

文鳥もインコも、人間が話す言葉の細かい意味をあまり理解はしていません。それでも、そこに込められた人間が伝えたい気持ちはちゃんと伝わっています。

言葉に添えられたかたちで、もっともよく伝わるのが、「うれしい気持ち」です。

自分の行動に対して、人間の喜びの気持ちとともに「すごいね」、「がんばったね」、「えらいね」などの心からの言葉が送られると、鳥は自分がほめられたことを実感します。

飼い主が喜んでいる！ 鳥の心の中に、うれしさが実感として沸き上がってきます。同時にその心には幸福感も生まれてきます。

文鳥やインコが飼い主に強く望むこととして、「幸せな気持ちをずっともたせてほしい」というものがあります。うれしさを毎日感じられることも、その願いの一部です。

鳥はほめてのばす！

文鳥たち鳥に強制的になにかをさせようとしても上手くいきません。また、よくないことをしたときに叱っても、なかなか上手く伝わってはくれません。鳥はほめてのばす。これが、鳥になにかをしてもらうときの鉄則です。

ほめられてうれしいと感じた鳥は、もっとやってみようと思います。おなじことをやってみてまたほめられると、その行動は「うれしいこと」と結びついて強化されます。これは正の循環です。

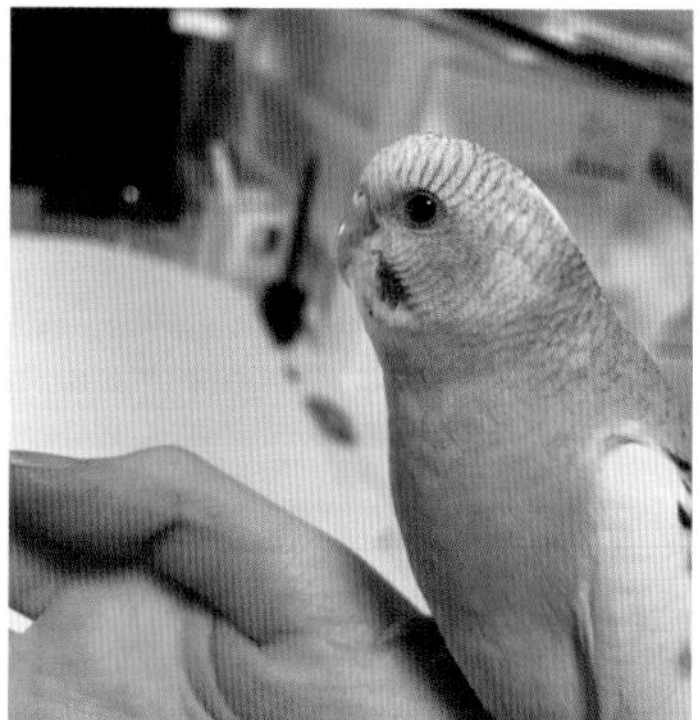

鳥になにかしてもらう際に大事なのは「アメとムチ」ではなく、「アメとアメ」ということです。人間も、ほめられるとうれしくなりますが、その気持ちは鳥も変わりません。

よくない行為を直したいときは、その鳥がするよいことを見つけて、ほめて、うれしいことに気持ちを向かせることがその第一歩です。鳥になにかを教える際には、こうしたやり方が推奨されます。

なにもかも簡単に上手くいくわけではありませんが、「ほめられること」＝「うれしいこと」が強化された鳥は、そうでない鳥よりも心が穏やかになり、飼い主の望むことを探って、それをしようと思うようになります。そうすることで、自身の「うれしいこと」が増やせると考えるからです。

日常の中のうれしいと思う瞬間

生活の中、鳥たちがうれしいと感じることはさまざまありますが、共通点をピックアップすると、次のようにまとめられそうです。

①ふれあって体温が感じられた
②なでられたいところをなでてもらった
③声をかけてもらえた
④呼びかけたら返事がもらえた
⑤さえずりや言葉や歌に対して、「すごいね」、「上手いね」、「えらいね」とほめてもらえた
⑥ほめられたあと、ご褒美をもらえた

よく馴れた文鳥の場合、好きな人間と接触して体温が感じられることのウエイトが高いようです。インコは伸びかけの羽毛の鞘をとってもらうことが好きですが、文鳥の多くはそっと優しくなでられるほうを好みます。また、「チュ」という呼びかけの返事を楽しみにしている文鳥もいるので、リクエストがあったら人間もくちびるを鳴らして応えてあげてください。

練習をして上手くなると飼い主がたくさん喜び、「えらいね」、「すごいね」とほめてくれます。すると、ますますうれしくなって、がんばってしまいます。

叱られたときに感じること

叱られた意味を理解できない

　してほしくないことをしたとき、行ってほしくない場所に行ったとき、人間は反射的に、「こらっ！」などと鳥たちを叱ります。

　多くの場合、鳥は急に大きな声をかけられたことに驚き、動作を止めて人間を見ます。

　制止の効果は一時的ですが、好ましくない行動が止まった瞬間、人間は触れてほしくないところから鳥たちを引き離します。

　自分がしたことに対して、人間が怒っていることを鳥は理解します。しかし、善悪も含めて、鳥は人間とおなじ価値観をもたないので、放置するとおなじことをやります。

繰り返しの制止で学習することも

　その後の人間の行動は2つに分かれます。止めてくれたことを了としてなにもしないパターンと、継続して鳥を叱るパターンです。

　「なにやっているの！」と怒りを滲ませる人もいますが、多くの場合、鳥は置かれた状況を理解できず、人間が「怒っている……」とだけ感じます。ただ怒りをぶつけても問題は解決しません。その行為に対する鳥への怒りを溜め込んでもしかたがありません。

　おそらく鳥は何度もしますが、これをすると人間が怒る、止めに来るということを、理屈ではなく、繰り返しの中で学習してくれることを願うだけ。何十回と止め続けることで行為がおさまるのを待つだけです。

意図とは逆に、「叱られること＝自分に関心が向くこと」と学習して、逆に何度もそれを繰り返すようになる鳥もいます。

幸せな時代がよみがえる？

幼児返りとおなじ？

ヒナから少し成長した鳥のいる家で、新たに幼いヒナを迎えたとき、大人になったはずの鳥が、幼いヒナのように挿し餌をほしがることがあります。

生まれて数カ月の若鳥だけでなく、3～7歳の成鳥がそんな姿を見せることさえあります。

鳥のブリーディングをしている家では、新たに生まれたヒナに人間が挿し餌を始めたり、ケージの外で親鳥がヒナたちにエサを与えようとした際に、前回育った子たちがやってきて、「ご飯ちょうだい」と口を開ける姿を見ることがあります。

文鳥でもインコでも、ときおりそうした姿が見られます。けっしてまれなことではありません。

多くは、なんとなくヒナの時代を思い出し、その気分に浸ると同時に、当時のご飯を食べたい衝動にかられた結果で、本当に人間のように幼児退行ならぬ幼鳥退行をしているわけではありません。

ほとんどの場合、一口ご飯をもらって満足します。

ただ、オカメインコだけは、挿し餌をほしがるオカメインコのヒナ特有の鳴き方をして、本気で挿し餌を食べることもあります。

もしかしたらなかには、本当に人間のような心理的な退行を起こしているケースもあるのかもしれません。

挿し餌のごはんを見ると、幸せなヒナ時代が心によみがえるのかもしれません。

距離感をつかんでほしい

距離感は安心感

とにかくいっしょに暮らす人間が大好きで、片時も離れたくない鳥がいます。体温を直に感じられる距離、伝えられる距離にいたいと願い、近くで好きな人間の声を聞いて安心します。

一方で、人間が大好きなものの、絶対に指一本触れてほしくない鳥もいます。それでも、放鳥時は、好きな人間が視界のどこかにいてほしいと願ったりもします。

文鳥でもそんな鳥はいますし、インコでも手には乗るけれど、反対側の手が伸びて自身の羽毛に触れそうになった瞬間に飛び立つケースもあります。自分が触れるのはいいけれど、相手が触れるのはいやというパターンです。

人間それぞれに、他者とこのくらいの距離感でいたいという願いがあり、日々の行動にもその気持ちが表れます。それは、物理的な距離と、精神的な距離、両方についていえることです。また、好きな相手とそうでない相手では、理想的な距離感が変わってきます。

鳥の場合もまったくおなじだと思ってください。それぞれにとっていいと思う物理的な距離と精神的な距離があって、それは対象となる相手（鳥、人間）によって変わってきます。

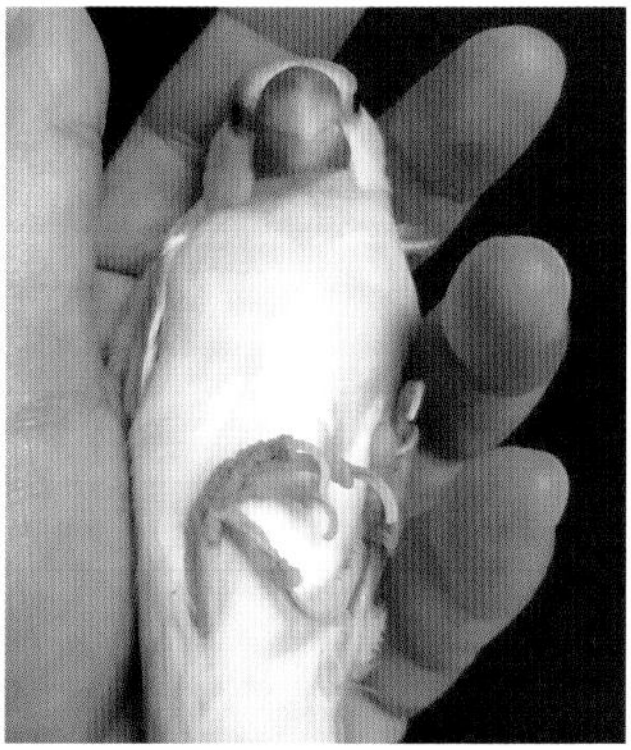

鳥たちが「よい」と思う距離感は、その相手がどんな存在なのか把握したうえで、相手が近寄っても不安にならない距離であると同時に、たとえ好ましい相手ではなくてもどこかにいてくれることでほっとするような安心感がある距離など。こうした、さまざまな思惑の重ね合わせになります。

距離感をつかむ人が好き

文鳥たちが好ましく感じる人間の話に戻しましょう。一般に鳥が気に入る人間は、心の距離感をつかむのが上手い人です。

鳥がここまでと感じる範囲に安易に踏み込まない人であるとわかると、安心感が芽生えます。さらに、この人は変なこと、いやなことをしない、安全な人と確信できると信頼感も生まれます。飼い主以外で信頼される人は、だいたいこのようなタイプになります。

さらに、小さく鳴いた声やしぐさから、こうしてほしいと暗に願ったことを敏感に察し、手を差しのべてくれたり、なでてくれたりすることを通して、鳥から「よい人」認定がされることとなります。

このような説明をすると、人間の場合と本当に近いと感じる方もいるでしょう。実際に鳥も、自身がもつ物理的な距離感、精神的な距離感をわかってくれる相手が好きになるのです。

家に新たに鳥を迎えた際、こうしたことがわかっているかいないかで、将来にわたる関係が変わってきますので注意してください。

距離感を守れる人を信頼

触れてほしくないことをわかってくれて、むやみに触ってこない。そうしたことによる信頼感は、鳥が求める、安全、安心、でもあります。安心できる相手のそばにいたい、というのは鳥の心からの願いです。

鳥は、より大きく支配的な生き物である人間に本能的に恐怖や不安を感じます。ことに小さな鳥である文鳥は、人間の不注意で簡単に大きな事故にも遭います。そういうことも含めてわかってくれる相手であってほしいと暗に願っていると思ってください。

直接的なふれあいは求めないものの、放鳥中は見える範囲に好きな人がいてほしいと願う鳥もいます。

文鳥が人間に願うこと

今日が続くこと

人と暮らす鳥たちの願い。
今が落ち着いていて、幸福を感じられる暮らしなら、この日々がずっと続くことを願います。

暮らしに関して鳥たちの思考はとても保守的です。安定は変わってほしくない、生活のリズムはおなじでいたいと願います。

日々の小さな刺激的な出来事は暮らしの潤いにもなるので歓迎しますが、生活自体ががらっと変わるような変化は、それ自体がストレスでもあるので、あまりうれしくありません。明日も明後日も、今日とおなじような日になること。それが文鳥たちの望みです。

安全な暮らし

人と暮らす文鳥たちが人間に期待することは、不安を感じない安全な暮らしの維持です。

家の中は、飼育されている鳥たちにとっての「世界」。その場所に危険がないようにしてほしい。どこに飛んでいっても危険がなく、落ちていたものをかじっても、安全なものであることを保証してほしい。そして、できれば見えるところにいて、ちゃんと見守ってほしい。なにかあったら手を差しのべられるように。そう期待します。

外を飛びたいとは思いません。なぜなら、外の世界を知らないから。知らなくても、外には未知の危険がたくさんあること、命を奪う可能性のある捕食者がいることは本能的にわかります。

外に出ることはもちろん、窓越

日光浴中も、できればそばについていてあげてください。安心します。

しに外を見るだけで強い不安に襲われる文鳥もいます。ベランダや縁側での日光浴の際、人間がそこから離れてしまうこともあると思いますが、その時間、不安が一気に高まる鳥も少なくありません。

　ケージは確かに自身の安全を守ってくれる存在です。しかし、猛禽やネコやヘビの、クチバシや爪や大きく開く口が迫ってきたら、完全には守ってくれません。だからこそ、捕食者にとって怖い存在である人間がそばにいて、日光浴の時間の安全を確保してほしいとも願います。

　そうした物理的、心理的な距離感の維持が鳥たちを不安から守ります。そして、人間に対する信頼感を篤くしていきます。

楽しみをください

　たくさん声がかけられ、たくさんふれあい、たくさん遊んでもらう（人間と遊ぶ、人間で遊ぶ）ことが鳥たちの望み。

　怖くなくて、興味がもてるおもちゃで、室内、ケージ内で遊ぶのも楽しいもの。大きな変化は望みませんが、ちょっとした変化や変わったことは鳥生の刺激になるので大歓迎です。怖くない人の訪問もよい刺激になります。

　人間のもとで暮らすメリットを最大限に享受して、必要なときは病院にも連れていってもらって、体が動くかぎり、長く楽しく心穏やかに過ごしたい。そんな鳥たちの願いを叶えてあげてください。

鳥生を楽しむことも大事なことです。

コラム

文鳥は怒り声でもコミュニケーション？

キャルル・コミュニケーション？

鳥と暮らしていると、怒ったような表情を頻繁に見ます。でもそれは、本当に怒っているわけではなく、ただのポーズや軽い威嚇であることがほとんどです。文鳥では、それも日常の一部です。

一羽飼いでまったり過ごしていると、状況に満足しているせいか怒った顔はあまり見ませんが、複数の文鳥がいる環境では、顔をつき合わせるたびに「キャルル」と鳴く様子もよく見ます。「文鳥って、一生のあいだに何回、キャルル、って鳴くんだろう」と、文鳥と暮らす友人と話したこともありました。

たがいの返答は、苦笑、でした。わからないけど、「たくさん」がその答えだと知っていたからです。

もちろん、キャルル、という声は人間に対しても発せられます。人間に向かうキャルルは、本気の怒りであることもありますが、なにかをした人間に対する「やめて！」という意思表示だったりするほか、怒りでも威嚇でもなく、ただ怒りの声を出してみたという反射的な反応のときもあります。

人間に向けられた、キャルルに対して、「はいはい。わかった、わかった」と人間が曖昧な笑顔で応えるところまでをセットとして、それをコミュニケーションと捉えている文鳥もいます。

それもまた文鳥が求める、「いつもと変わらない日常」のやりとりの一部ですので、暖かく応え、見守ってあげてください。

CHAPTER

5

幸せに暮らすために知っておきたいこと

パニックも、もともとは重要な習性

非常事態で頭が真っ白に

「パニック」という言葉でオカメインコを思い浮かべる人も多いかもしれません。しかし、彼らに限らず、突然、危機を感じた多くの動物がパニックになります。

地震や火事などに遭った人々が陥る集団混乱をパニックと呼びます。非常事態の際の個々の精神的混乱もパニックと呼ばれます。

頭が真っ白になって、とにかく逃げることしか考えられなくなるとか、集団の動きに流されるとか、自身の経験にもとづいて人間のパニック状態を思い浮かべると、鳥のパニックについても、より深くイメージできると思います。

非常事態には、多くの鳥の頭の中が真っ白になります。「パニック」はオカメインコに特有のことではなく、多数の鳥たちに共通する状況だということです。

窓から飛び出すのもパニック

なにかに驚いた鳥が、開いていた窓から逃げ出してしまう事件も跡を絶ちません。それも、多くはパニックの結果です。危険を感じたとき、鳥はまず行動します。具体的には、飛んで逃げます。そうやって生きてきました。

うちの鳥は馴れているから肩に止まったまま外に出ても逃げないというのは、ただの思い込みにすぎません。馴れていることとパニックになることは完全に別次元の話なので、同一線上で語ることはできません。パニックになった際にどんな行動を取るかは、その

深夜の地震の際などにケージの中でパニックを起こし、酷いときは風切羽を大量に失うこともあります。こうしたことから、オカメインコが陥るパニックは「オカメパニック」と呼ばれ、飼い主から非常に心配されています。

ときになってみないと、おそらく本鳥でも予測がつきません。

なにかあったらまず逃げろ！

それが鳥の遺伝子に刻まれた命令です。まず逃げて、十分な距離を取ってから、自分が危険だと感じたものはなんだったのかを確かめろと、鳥の脳は命じます。

外に出た鳥は逃げた先でそれをしようとします。が、そのときにはもう、どうやって元の場所に戻るのかわかりません。また、新たなパニックの要因が目や耳に入ると、さらに遠くに逃げ、戻る方向を完全にロストしてしまいます。

オカメインコのケース

「オカメパニック」という言葉が存在するのは、地震などの際にオカメインコがパニックになりやすい性質をもっているためです。

オカメインコに比べると、ほかの多くのインコやオウムは地震に強く、またスズメ目はインコ目に比べて、こうしたタイプのパニックを起こしにくい性質をもちます。地面が揺れても平気というより、あまり動じない性格の鳥が多いといったところです。

オカメインコの本来の生息地であるオーストラリアは、地震多発地帯の日本とは対照的に、地殻が安定していて、地震がほとんど存在しません。それが、日本でパニックを起こす鳥が多い大きな要因とも考えられています。

オウム目の鳥はほかの種よりも多く、足の皮膚に「振動を感じるセンサー」をもっていることがわかっています。足で「もの」をつかんで作業することも多いことから起こった進化と考えられます。

足の表面や足裏が感じた振動は脳にフィードバックされて、必要な処理が行われますが、一部のオカメインコにおいては、足裏のセンサーからの信号に、脳が過剰に反応しているということなのかもしれません。

まだ幼い時期には、地震に驚いて暴れることもありますが、ケガをするようなことはほとんどありません。大人になると、文鳥はあまり動じなくなります。

文鳥とインコの安全な暮らし

文鳥にとってのインコやオウム

文鳥は好奇心の塊です。目の前の鳥がおなじ文鳥ならば、どんな性格の生き物かわかるので、強い関心は向けません。つきまとったら、ほぼ確実にケンカになることを理解しています。そのため、関心がある相手や親しくなりたい相手以外は距離を置こうとします。

若い文鳥も、早い時期にそれを学習します。

一方で、初めて見る鳥や、どんな相手かわからない鳥を見つけ、相手が攻撃してこないと予想すると、文鳥はその鳥と直接接触して相手のことを知りたいと思います。相手が必死で逃げるほど、飽くなき関心をもって追いかけてみたりもします。

その傾向は、誕生から数カ月の若い文鳥で顕著です。

執拗に追ってしまうのは、相手の状況や気持ちを理解するところまで、考えがまわっていないためです。相手がそれをいやがっているかどうかについても、考えに至っていません。

問題は、追いかけられてパニックになった鳥、特にインコが判断を誤って窓に激突するような事態も十分にありうるということ。そうならないように、最大限の注意が必要です。

ただし、多くはありませんが、異種でもなぜか妙に馬が合ってしまったり、その文鳥の押しがあまり強くなかったり、相手の心に大きな許容の精神がある場合などには、異種間で仲よくなれるケースもないわけではありません。

若い文鳥の好奇心は、まわりの鳥たちを振りまわします。その制御は、飼い主の役目です。

分けた放鳥が暮らしを守る

インコからすれば確かに迷惑行為ですが、文鳥を叱るのはあまり意味がありません。文鳥は叱られた理由がわからないからです。

　人間の価値観やインコの価値観からすれば、そうした文鳥の行動は理解不能かもしれませんが、そういう習性をもった鳥であることをまずは理解してください。対応は、そうした行動を責めるのではなく、価値観の異なる鳥を同時に放鳥することを避ける、です。

　なお、こうした状況でオカメインコなどは基本的に逃げますが、ラブバードはちがいます。つきまとう相手への反撃はもちろん、飼い主と仲よくしている文鳥に嫉妬しての攻撃もありえます。想定される危険を回避するためにも、放鳥は分けてください。

若いセキセイインコでも同様のケースはあります。ただ、こちらの場合は、「大好き」なオカメといっしょに遊びたいがために追いかけているので、目的が大きくちがっています。

大型のインコやオウムは？

ヨウムやキバタンなどの大型のインコやオウムに対しては、イヌやネコなどに対するように、恐れることなく好奇心を丸出しに向かっていく文鳥がいる一方で、大きなクチバシを警戒してか、あまり近づかない例もあります。

　ヨウムの中には比較的おとなしい個体もいますが、大型のインコやオウムの中には神経質なうえ、気が荒いものもいます。ちょっとした反撃でも文鳥の死につながりますので、接触はさせない方向で飼育するのがよいと考えます。

たがいに無関心が、穏やかに暮らすコツかもしれません。

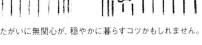

ほかの動物との接し方

無邪気さが危険

鳥だけでなく、イヌやネコがおなじ家で暮らしている家庭もあります。彼らとインコや文鳥が仲よくすごしている映像などを、テレビのニュース枠やネットで見ることもあります。

鳥が先住で、あとから幼いイヌやネコが来て、彼らも含めて家族として暮らしている場合、確かに仲よく暮らせるようになることもあります。

が、不幸な事故を起さないためにも、どんなに馴れていても、おなじ空間で哺乳類と鳥を自由に遊ばせないでください。

99パーセント大丈夫、はおそらくあるでしょう。それでも、ある瞬間、なんらかのスイッチが入ってしまい、残りの1パーセントが起こることも確率的にはありえます。それは常に意識してほしいことです。人間がいる前ではおとなしく振る舞っていたのに、人が部屋から出たあとに鳥が襲われた事例もあります。

イヌやネコが傍若無人な鳥の行動に我慢ができなくなって、一瞬、怒りを向けてしまう、ということもないとはいえません。

こうした光景は微笑ましいのですが……。

文鳥とインコ、成長過程の意識のちがい

幼鳥にとっての世界

人間の手を経ずに育った文鳥のヒナは警戒心が強く、なかなか人間に懐いてくれません。

孵化したヒナを手乗りにできるタイミングは、目が開いてしばらくして、はっきりものが認識できるようになる生後15～17日目くらいが目処です。そのため、ブリーダーの多くは、18日目以前に親から離して挿し餌を始めます。

ただし、鳥としての社会性も身につけさせるために、可能な環境では、挿し餌を始めてもしばらくは親の近くに置いたりします。

自身も人間に育てられた世話好きな親の場合、人間の挿し餌を手伝ってくれることもあります。

幼文鳥の心の成長のためには、こうした環境が理想とされます。

人間の手で育てられたことで、その鳥は迎えられた新しい環境でも十分に馴れます。また、身についた社会性のおかげで、その家に先住鳥がいた場合も、相性はあるにしても、大きなトラブルにはならない可能性が高くなります。

セキセイインコやコザクラインコ、オカメインコなども基本的にはおなじような成長過程を経て、一般の家庭にやってきます。

心の成長の点で少しちがっているのがオカメインコで、完全に親に育てられ、誕生から数カ月後に新たな家に迎えられた場合も、十分に人間に懐き、人間の肩も手も好きになる可能性があります。そのような資質をもった鳥です。

文鳥はインコたちより早く幼鳥期を卒業します。が、セキセイイ

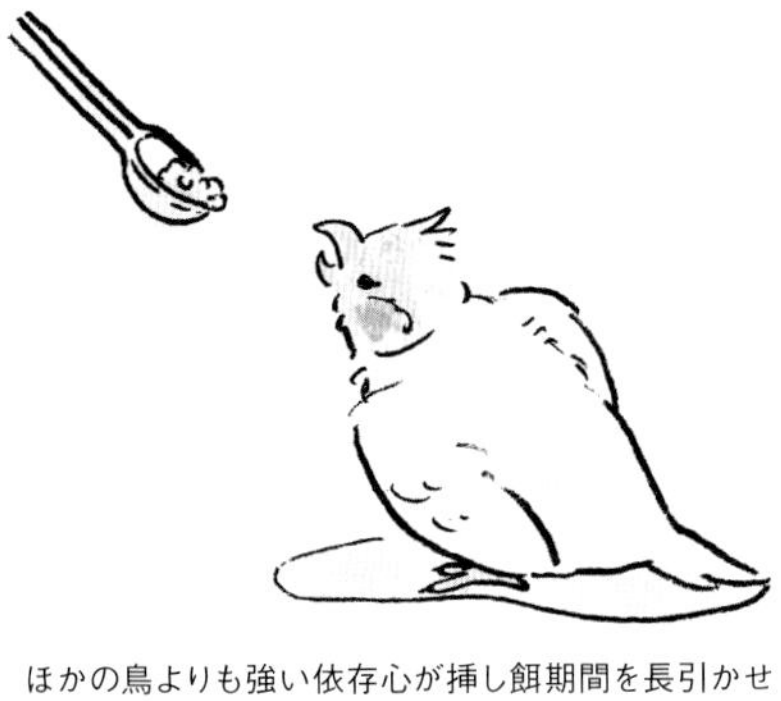

ほかの鳥よりも強い依存心が挿し餌期間を長引かせますが、大人になったときにそれがオカメインコの大きな魅力に変わるともいわれます。

ンコなどと比べて極端に早いわけではありません。

もともと、ゆっくり成長するオカメインコの場合、挿し餌の期間はおよそ1カ月が目安で、生後2〜3カ月目にはほとんどが大人のエサに切り替わります。ただ、なかには3〜5カ月間も挿し餌を食べ続ける鳥もいます。

そうした状況には、体の成長だけでなく、心の成長も影響をしているようです。

ある日、大人に

文鳥はある日、気づくと大人になっています。だいたい生後4カ月過ぎ、半年過ぎ、1年過ぎに階段があるイメージで、ある日ポンと上の段に上がっている印象を受けます。

知らない人と会う、知らない鳥と会う。そんなことが刺激となって、気持ちが変わり、意識が変わります。「ふだん過ごすのは自分と飼い主やその家の人が中心だけど、自分と飼い主だけの世界ではない」と認識した瞬間、文鳥の心の中でなにかが変わるようです。

こうした点において、インコは階段というより、ゆるやかなスロープを上がっていくようで、境界なくゆるやかに大人になっていきます。ただし、オカメインコ成鳥の心の中には幼い頃の自分も残っているので、大人でもあり、子供でもある様子が見えます。

大人になった文鳥は、多くのヒナがもっていた傍若無人さも消えて、飼い主に対して思いやりのある優しい生き物になるようです。

成鳥になったインコたちも同様に、飼い主のことをちゃんと考える大人な生き物になります。

ただ、彼らの意識の中には、飼い主に優しくしておくことで、のちのち自分によいことが返ってくるかもという「打算」が含まれていることもあります。しかし、そんなところも飼育者からすればインコやオウムの魅力となります。

文鳥の魅力、インコの魅力

スズメ目とインコ目

ＤＮＡの解析から、文鳥を含むスズメ目と、オカメインコやセキセイインコを含むインコ目が分岐したのは、少なくとも５０００万年以上前であると考えられています。

２つの鳥グループは、そこから数千万年のあいだ、ともに現在と同じような姿を保ちながら地上に生きてきました。途中、何度も大きな気候変動があり、種の拡散と数多の絶滅を経て、現在の分布に至っています。

ここからいえることは、文鳥と、オカメインコやセキセイインコなどのインコ・オウム類は、ともに鳥類に分類される一方で、まったくちがう生き物でもあるということです。

その事実は、それぞれが異なる「魅力」をもつことも暗に示唆しています。

文鳥のほうが「鳥」としての特徴を強く残す

私たちは一般に、町中で見るスズメやシジュウカラなどの行動をもとに、「鳥」という生き物の姿や行動を理解し、心に受けとめています。

おなじスズメ目の「小鳥」ということもあり、文鳥の挙動にはそうした野の鳥たちと共通する振る舞いも、さまざま見られます。

平安時代から江戸時代までの日本で、手乗り文鳥のポジションにいたのはスズメでした。

ヒナから育てるとよく馴れ、文

親戚といえない
くらい関係
遠いんだね
でも
ご先祖様は
いっしょだから

恐竜が多くの魅力的な子孫を残してくれたことに感謝します。

鳥がするのとおなじように人にまとわりついて遊んでいました。野生に帰すことのできないスズメと暮らしている人は、今もたくさんいます。

スズメも、人に馴れる個体は本当によく懐きます。独占欲が強いものは、保護者の近くに来るほかの鳥を蹴散らすようにして追い払ったりもします。

飼育時の意識のあり方という点においても、文鳥とスズメの2種は近いものがあるようです。そしてともに、私たちの意識がもっている「鳥らしい鳥」に近い存在であるといえます。

文鳥の第一の魅力は、人間にはない翼のある生き物である「鳥」と「暮らす」ということを最大限に満喫させてくれること。さえずりも含め、鳥らしい挙動は癒しもくれます。意図することなく、人間の心身を整えてもくれます。

文鳥は独占欲の強い鳥ではありますが、大人になってしばらくすると、思慮深い生き物へと変わり、人間に対して豊かな愛情を示す鳥に変わります。長く文鳥と暮らしてきた方の多くが、この点を大きな魅力と強調します。

文鳥の奥深さは、長く暮らしてみて初めてわかるかもしれません。

飼い主と1対1で過ごしているとき、「おたがいの体温が感じられるのはいいね」といった顔で、なにすることもなくまったりと寄り添うのも彼らの魅力。手の中に潜り込んで動かず、安心しきって眠ってしまったりもします。

あれこれと関心が移りやすいインコでは、一部の鳥を除いて、なかなかこうした状況にはなりません。

インコの魅力

インコやオウムは鳥ではありますが、いわゆる鳥の枠からはみ出した存在でもあります。

ある意味、鳥らしくないところがあります。足や舌やクチバシを人間の手のように使ってものを

最小のオウム、オカメインコ。冠羽はオウムの象徴です。

ボタンインコ。ラブバードとして知られます。

持ったりすることもそのひとつ。

手が自由になって人間が脳を発達させたように、足と舌を使った日常的な作業や遊びを通して、インコやオウムが脳を発達させたことは事実のようです。

また、ことあるたびに人間は哺乳類の中でもっとも鳥類寄りに進化してきたと解説、強調してきましたが、インコやオウムの意識の構造が、鳥の中で人間寄りであることもまた事実です。

インコと暮らして、「なんか人間と似ている気がする。人間くさい」という感想をもらす方もいますが、それはけっして気のせいではありません。それがインコやオウムの大きな魅力であり、そこが気に入って長く暮らしている人もいます。


鳥類のヒナはもともと、親や親代わりの存在に対して強い依存心をもちますが、インコやオウムにおいては、大人になっても人間を頼りたがる傾向が強い個体も多く見られます。

文鳥の成鳥も人に甘えますが、対照的に意識の中核はしっかりしていて、大人としての自覚を強くもちます。この点もインコとは大きくちがっています。

イエネコがそうであるように、十分な大人であっても子供のように甘えるインコも多く見かけます。そういう点でオカメインコは、人間べったりの鳥と暮らしたいと願う人にとっては、ある意味、理想の相手なのかもしれません。

毎日声をかけることの重要性

声は心に届く

家に鳥がいる方はおそらく、ケージ内や放鳥中の鳥たちに日常的に声をかけていると思います。

実はそれが、鳥たちとのあいだの見えない絆を強めています。

人間の言葉を話す鳥、話さない鳥ともに、日本語を理解して聞いているわけではありません。

ペッパーバーグ博士のもとにいたヨウムのアレックスのように、時間かけて言葉と概念を教えられていた場合はまた別で、こちらは特殊な例ですが、ふつうは自身の名前と、ほかの鳥たちの名前と、「おはよう」や「おやすみ」、「ご飯」、「美味しいね」などの意味を理解するくらいです。

意味をもつ言葉を使って話している人間は、どうしても言葉に含まれる意味を意識してしまいますが、鳥たちは、「敵」、「危険」などの警戒音以外は意味のある音をあまり発しません。「うれしい声」というのはありますが。

鳥たちのコミュニケーションは、だれが、いつ、どんなかたちで接してきたか、声をかけてきたか、返事をしたかと、その際の挙動や表情などから、相手の意図を漠然と読み取ることが中心です。

強い感情は声に出るので、そうしたことも合わせて読み取っています。こんなかたちのコミュニケーションで不都合はありません。

なので、人間の言葉の意味をわざわざ理解する必要はないわけです。声をかけてくれた人間が、どんな状況で、どんな表情で、声を

かけられた言葉で安心し、ご飯タイムが続きます。

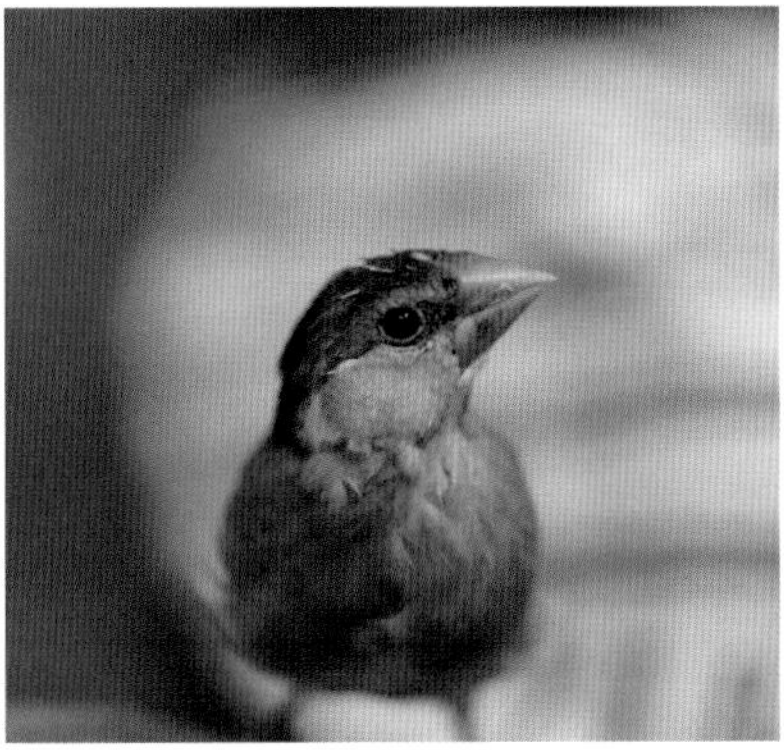

かけてくれたか、またそのときの声は優しかったか怒っていたか、などがわかれば十分。

よく知っている人間ならば、声の調子や表情などから、そのときの感情も伝わってきます。いつもどおりに自分を気づかってくれる声なら、それは小さなうれしさとして、その鳥の心に届きます。

かけられた声は、変わらない暮らしの象徴

人間のもとで暮らしている鳥たちの願いは、いまの幸せな暮らしがずっと続くことです。

毎日声がかけられて、その声や声を発した人の表情に「優しさ」が感じられ、うれしいと思えたなら、それは、この暮らしの永続という望みが今現在も叶えられている証拠になります。

今日も大丈夫！　それは強い安心感です。鳥は未来を予想はしませんが、明日もきっとおなじような日になることは、なんとなくイメージすることができます。

かけられた声は、鳥たちにとって幸せでいるための「保証」のようなものでもあります。ですので、朝起こすとき、夜寝かすとき、しっかり声をかけてあげてください。もちろん、昼間に呼ばれたときも、可能なときは、返事をしてあげてください。

それが、信頼関係の強化にも、鳥たちの免疫力のアップにも大きくつながってきます。

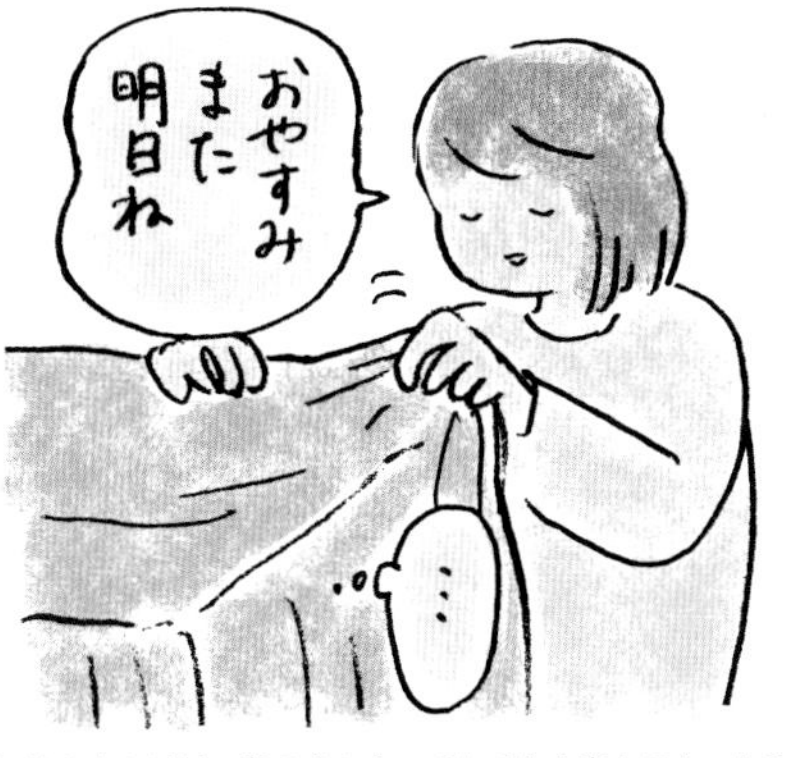

毎日の声かけは、鳥の心にとってとても大事なこと。ある意味、生きがいでもあります。

自身の病気や老化をどう感じている？

小さな不調は無視

鳥は病気を隠しません。不調の際は、なんらかのサインが見えます。

ただ、ごく小さな不調の場合、鳥はほとんど気にせず、多少の不調でも、カバーできる方法でその不調を「補正」してしまおうとします。

文鳥もそうですし、インコやオウムも同様です。

隠そうとする意図はなくても、結果的にそのように見えているということです。

どんな不調も、初めは微細な変化として現れます。毎日見ていても気づかないほどの変化です。しかし、日を重ねるうちに、少しずつはっきりしてきます。

その微かな不調にいつ気づくかが、その後のその鳥の寿命やQOLを左右します。鳥自身も無視することの多い体調の変化を、ともに暮らしている方はぜひ気づいて、必要な対応をしてください。

鳥自身がその不調をはっきり自覚したときには手遅れになっているかもしれません。

鳥たちの健康管理は、飼い主にゆだねられています。

老化と病気の境界はない

文鳥やインコたちにとって、病気と老化のあいだに境界はありません。結果的に、どちらも体の一部が動かなくなったり、機能が低下したりします。

その受けとめ方もおなじで、とにかく今動く部位を使って、できるだけ以前とおなじような暮らしがしたいと願うだけ。ケガでなにかを失った場合も同様です。

失った部位や機能が元に戻ることを考えてもあまり意味がないことを文鳥たちは知っているので、ひとまず現状でできることをするという結論に至ります。

人間には、そのための手助けを求めます。

換羽時の体調と機嫌

換羽のしくみ

鳥の羽毛は消耗品なので、一年使うと新しいものに交換しなくてはなりません。抜けた部位の羽毛が新たに生えてくるのが「換羽《かんう》」で、年に一・二回、行われます。

羽毛の主成分は、人間の髪の毛や爪とおなじケラチンというタンパク質。材料は、食べ物から得た素材と体内にある素材を肝臓で分解し、必要な物質に作り替えたのち、血液に乗って羽毛をつくる部位へと運ばれます。

この期間、鳥の肝臓はふだん以上に活発に活動します。換羽をしているだけで、鳥は過労に近い状態になっています。

文鳥のほうが辛い

インコやオウムの多くは、換羽を夏と冬の二回に分け、それぞれの回をゆっくり一カ月ほどかけて、半分ずつの生え替わりを行っています。つまり、体への負担が少ない方法が採用されています。

対して文鳥の多くは、年に一回、比較的短い期間で一気に換羽を進める傾向があります。

その期間さえ乗り越えられればあとは楽なのですが、その分、一時的に肝臓の負担が大きくなるため、換羽期のピークには強い倦怠感にも襲われ、イライラも募ります。

換羽の時期に、鳥は多かれ少なかれ不調に陥りますが、インコに比べて文鳥のほうが、心身ともにより辛い状態になります。

不満と要求、不調の伝え方

文鳥は大声の主張をしない

文鳥やインコにも不満やイライラがあります。体調の悪さが苛立ちを生むこともあります。ただ、それを伝える方法がちがいます。

インコは、苛立ちや不満が強くなると、てきめんに声に出ます。人間がそうであるように、苛立ちの強さに沿って声が大きくなり、それでも状況が改善しなかったり、人間に無視されたときは、噛みついたり、クチバシを使った破壊活動に走ることもあります。

セキセイインコの場合、自分も人間たちの会話に加わりたいのに相手にしてもらえないなど、溜まった不満が爆発すると、普段は出さない「ギーギーギーギー」という大声を出したりします。そこから、「私は不満があるの！」という気持ちがはっきり伝わります。

文鳥は大きく声を荒らげたりしません。鳴禽と呼ばれる鳥たちの鳴管からの発声は、ふだんの短い声である地声と、歌とも称される「さえずり」に特化したかたちになっているため、特定の声や音を意図的に何倍も強く響かせ、そこに感情を乗せられる構造になっていないからです。

鳴管や気管支、肺などの不調時は、文鳥も声や呼吸音に異音が出ます。一方で、苛立ちや身体の不調については、行動や表情に出てくることが多くなります。

そのため、文鳥の心身の健康を守るには、行動や様子をよく観察する必要があります。たとえばいつもより強く咬んだときは、そうする理由がどこかにあったはずです。その原因を探ってください。

インコやオウムは、苛立ち、不満を声で伝えてくれるので、状況をつかむのがある意味、楽です。

朝は早起き？

夜明けとともに？

文鳥やジュウシマツは、夜明けとともに起き出します、という話が古くからされてきました。

薄いカバーをかけただけのケージを窓際に置いておくと、夏場は確かに6時前から起きて鳴きます。ただそれは、朝であることがケージの中の鳥にわかる状況だったことが大きく影響しています。

文鳥は朝が早く、インコたちは飼い主に合わせるので起きるのがゆっくり、というのは事実ではありません。

育った環境にもよりますが、ケージ内が暗く、人間も寝ている状況ならば、起こすまで寝ているものが多数です。どういうサイクルで起き、眠るのかは、飼い主の生活サイクルしだいです。

腹ぺこ文鳥の場合

早く鳥を寝かせ、12時間以上眠らせているケースで、なおかつ、夕方はしっかり食べるものの、寝る直前は少し食事量を自己セーブする傾向のある文鳥の場合、朝起きてしばらくすると急にテンションが上がって、「早くご飯！水！」と要求することがあります。

実は文鳥の消化スピードは本書で取りあげたインコよりも速く、起きた時点で消化管の中になにも残っていないことがあります。しっかり覚醒した瞬間、空腹であることを強く自覚して、「ご飯！」と要求したりするわけです。

こうしたケースでは、眠くても、飼い主はしっかり起きてご飯を出してあげてください。

急いで食べる空腹文鳥。

コラム

狭いところが好き

刷り込まれた本能

インコは狭いところが好きです。もともと樹のうろなどに営巣する鳥なので、本能的に暗くて狭い空間が落ち着くともいわれます。オスはただ遊んでいるだけですが、メスがそうした場所を見つけると、発情のスイッチが入ってしまうこともあるので要注意です。

文鳥も巣箱的なものを見つけると潜りますが、それよりも手のひらのほうがずっと好きなようです。

人間には鳥のような羽毛はありませんが、それでも手の中で、親鳥に抱かれていたヒナの頃のような幸福感を感じているのだろうかと疑問もありました。

文鳥の体表は羽毛のない「無羽域」が広く、皮膚に直接触れられる場所が多いという事実があります。特に卵からヒナの頃は、親の腹部の皮膚からも直接体温が伝えられていました。だとしたら、ほんのり湿気があり、あたたかい人間の手のひらの中は、幼い頃の自分と親鳥を思い出せる恰好の場所なのかもしれません。

なお、文鳥の「無羽域」については、『文鳥のヒミツ』(海老沢和荘/グラフィック社)を参照ください。

ひみつ基地はインコの文化?

男子がつるんで遊ぶこともあるインコ類では、本棚の奥や三角に立てた新聞紙の中を、人間の子供がつくる「ひみつ基地」のように見立てて遊んでいることもあります。なかなか楽しそうで、夢中になると一時間もそこから出てきません。

単独で遊んでいるときには、スーパーのレジ袋などにも潜り込みます。こちらは鳥というより、どこか猫の行動に似ているような気もします。

参考文献

セオドア・ゼノフォン・バーバー著、笠原敏雄訳
『もの思う鳥たち　鳥類の知られざる人間性』　日本教文社(2008)
アリアン・S・ドーキンズ著、長野敬訳　『動物たちの心の世界』　青土社(1995)
日本比較生理生化学会編　『見える光，見えない光』　共立出版(2009)
日本比較生理生化学会編　『動物は何を考えているのか？』　共立出版(2009)
伊藤美代子監修　『幸せな文鳥の育て方』　大泉書店(2015)
伊藤美代子監修　『文鳥との暮らし方がわかる本』　日東書院本社(2016)
岩堀修明　『図解・感覚器の進化』　講談社・ブルーバックス(2011)
海老沢和荘　『文鳥のヒミツ』　グラフィック社(2021)
岡ノ谷一夫　『小鳥の歌からヒトの言葉へ』　岩波科学ライブラリー(2003)
岡ノ谷一夫　『言葉はなぜ生まれたのか』　文藝春秋(2010)
岡ノ谷一夫　『つながりの進化生物学』　朝日出版社(2013)
小西正一　『小鳥はなぜ歌うのか』　岩波新書(1994)
冨田幸光 監修・執筆　『小学館の図鑑ＮＥＯ　［新版］恐竜』　小学館(2014)
藤田和生　『動物たちのゆたかな心』　京都大学学術出版社(2007)
細川博昭　『鳥の脳力を探る』　ソフトバンク・クリエイティブ(2008)
細川博昭　『マンガでわかるインコの気持ち』　ソフトバンク・クリエイティブ(2013)
細川博昭　『鳥を識る』　春秋社(2016)
細川博昭　『インコの心理がわかる本』　誠文堂新光社(2011)
本川達雄　『ゾウの時間　ネズミの時間』　中公新書(1992)
渡辺茂　『ハトがわかればヒトがみえる』　共立出版(1997)
渡辺茂　『ヒト型脳とハト型脳』　文春新書(2001)
渡辺茂　『鳥脳力』　化学同人(2010)
雑誌：『遺伝』（音声コミュニケーションーその進化と神経機構）　裳華房(2005年11月号)

このほか、多くの書籍、論文、報道資料(webを含む）などを参考にしています。

あとがきにかえて

鳥の飼育は文鳥から始まりました。小学生の頃です。それから何十年か経って、ふたたび文鳥と暮らしています。

さまざまな鳥と接してきた経験があってなお、「あれ？　文鳥ってこんな鳥だった？」と思うことが多数。あらためて文鳥の素顔に接し、新鮮な驚きを感じる日々を送っています。

この本を企画した当初は、もっと多くの事例について文鳥の心理を解説する予定でした。が、長く文鳥を飼っている方や鳥の専門医である海老沢先生にも取材した結果、「それは文鳥に共通する行動ではなく、その子の個性ですよ」と指摘されることも少なからずあり。文鳥はこんな鳥と思っていたことも、実はそうではないと知らされることも多々ありました。

たとえば、朝のこと。子供の頃にいた文鳥もジュウシマツも、夏場は午前5時には起きていたので、そんな鳥だと思い込んでいましたが、しっかりとしたカバーをかけておいて人間が活動を始めないと、9時過ぎまでも寝ている鳥がいるとわかりました。この点において、インコたちと大きなちがいはありませんでした。

等々、文鳥と暮らして感じたことやその科学的な根拠、行動や心理がインコたちとちがう理由など、さまざまな角度から解説させていただいたのが本書です。

これから何年か文鳥と暮らし続けたあとなら、『文鳥の心理がわかる本』も書けそうという手応えが得られたのも本書を書いた成果でした。また、実は当初、この本には文鳥の4コママンガも入れる予定でしたが、ページ数と構成の都合からその部分は残念ながら消えてしまいました。文鳥だけの心理の本、4コマ文鳥マンガなど、企画がまとまりましたら、またあらためてアナウンスをしようと思います。

この企画が無事に本の形になったのは、うちの鳥たちの主治医である横浜小鳥の病院院長の海老沢和荘先生への取材と文鳥に関するその著作、ツイッターで交流のある文鳥飼育者のみなさんのおかげです。みなさまに大きな感謝を！　特に、この子を一人餌になるまで育て、譲ってくださったドルミヨ（@dolmiyo）さんには、深い感謝をお伝えいたします。本当にありがとうございました。

細川博昭

索引　あいうえお順

著者

細川博昭（ほそかわひろあき）

作家。サイエンス・ライター。鳥を中心に、歴史と科学の両面から人間と動物の関係をルポルタージュするほか、先端の科学・技術を紹介する記事も執筆。おもな著作に、『人と鳥、交わりの文化誌』『鳥を識る』（春秋社）、『鳥が好きすぎて、すみません』『うちの鳥の老いじたく』『老鳥との暮らしかた』『長生きする鳥の育てかた』（誠文堂新光社）、『知っているようで知らない鳥の話』『マンガでわかるインコの気持ち』（ＳＢクリエイティブ）、『身近な鳥のすごい辞典』『インコのひみつ』（イースト新書Ｑ）、『江戸の植物図譜』『江戸の鳥類図譜』（秀和システム）、『大江戸飼い鳥草紙』（吉川弘文館）などがある。日本鳥学会、ヒトと動物の関係学会、生き物文化誌学会ほか所属。

twitter: @aru1997maki

イラスト

ものゆう

鳥好きイラストレーター、漫画家。主な著書は『ほぼとり。』（宝島社）、『ひよこの食堂』（ふゅーじょんぷろだくと）、『ことりサラリーマン鳥川サン』（イースト・プレス）など。ものゆう公式

Twitter : @monoy

写真　岡本勇太（16ページ）

図版　支倉槙人事務所

デザイン　橘川幹子

協力　塩野祐樹

写真協力

小島奈緒美、岡本勇太、手塚素子、玉利友貴、栗原暁子、角兼輔
横田千賀、山田達也、濱田真実、杉本佳子、三澤由紀子、相澤寛子
小島雅子、佐藤希生、神吉晃子、荒井なつき、川井明恵、米倉沙織
大野琴美、丸山好美、金坂文枝、堀之内芳江、岡崎ひとみ
仁川香歩、田名部世梨花、井ノ原裕紀子、牧ゆきの、戸掘奈保子
菊地由芳、手のり文鳥ふうりん、高宮加代子、萩原弥生、
若井美智子、ラキ（林紅実）、結城完

暮《く》らしと体《からだ》の構造《こうぞう》からひもとく、小鳥《ことり》たちの心《こころ》のうち

くらべてわかる文鳥《ぶんちょう》の心《こころ》、インコの気持《きも》ち

2021年9月17日　　発　行　　　　NDC646

著　　者　細川博昭《ほそかわひろあき》
発 行 者　小川雄一
発 行 所　株式会社 誠文堂新光社
〒113-0033 東京都文京区本郷 3-3-11
電話 03-5800-5780
https://www.seibundo-shinkosha.net/
印 刷 所　株式会社 大熊整美堂
製 本 所　和光堂 株式会社

ISBN978-4-416-62137-0